RAL·NEU 研究报告　No.0027

搅拌摩擦焊接技术的研究

轧制技术及连轧自动化国家重点实验室
（东北大学）

U0313867

北　京

冶　金　工　业　出　版　社

2016

内 容 简 介

搅拌摩擦焊接技术（friction stir welding，FSW）被誉为焊接技术的革命性成果，目前已经广泛地应用到了各行各业之中并获得了巨大的成功。东北大学 RAL 国家重点实验引进了国内首台专门用于钢铁材料焊接的搅拌摩擦焊机，利用 FSW 成功地焊接了多种常规材料难以焊接的钢铁材料，并且获得了高质量的焊接接头。本书介绍了东北大学 RAL 实验室钢铁材料的 FSW 研究进展，此外还简要地介绍了目前国内外钢铁材料的 FSW 研究状况。

本书可供从事钢铁材料焊接技术研发和生产的工程技术人员、科研人员阅读，也可供高等院校相关专业师生参考。

图书在版编目（CIP）数据

搅拌摩擦焊接技术的研究／轧制技术及连轧自动化国家重点实验室（东北大学）著 . —北京：冶金工业出版社，2016. 12

（RAL·NEU 研究报告）

ISBN 978-7-5024-7426-3

Ⅰ . ① 搅⋯　Ⅱ . ① 轧⋯　Ⅲ . ① 摩擦焊—研究　Ⅳ . ① TG453

中国版本图书馆 CIP 数据核字（2017）第 029141 号

出 版 人　谭学余
地　　　址　北京市东城区嵩祝院北巷 39 号　邮编　100009　电话　（010）64027926
网　　　址　www. cnmip. com. cn　电子信箱　yjcbs@ cnmip. com. cn
策　　划　任静波　责任编辑　卢　敏　李培禄　美术编辑　彭子赫
版式设计　彭子赫　责任校对　郑　娟　责任印制　牛晓波
ISBN 978-7-5024-7426-3
冶金工业出版社出版发行；各地新华书店经销；固安华明印业有限公司印刷
2016 年 12 月第 1 版，2016 年 12 月第 1 次印刷
169mm×239mm；9.75 印张；153 千字；142 页
58. 00 元
冶金工业出版社　投稿电话　（010）64027932　投稿信箱　tougao@ cnmip. com. cn
冶金工业出版社营销中心　电话　（010）64044283　传真　（010）64027893
冶金书店　地址　北京市东四西大街 46 号（100010）　电话　（010）65289081（兼传真）
冶金工业出版社天猫旗舰店　yjgycbs. tmall. com
（本书如有印装质量问题，本社营销中心负责退换）

研究项目概述

1. 研究项目背景与立题依据

随着国民经济的高速发展，人们对石油和天然气等资源的需求与日俱增。目前，油气的输送和分配主要以管线钢管为载体。高强度级别的管线钢管不仅可以有效地减小管壁厚度，节省材料和实现减重，还可以提高输送压力，增大输送量，最终降低用户的使用成本，因此对于高强管线钢的开发引起了大量研究者的关注。在油气管线的现场铺设过程中，焊接是最为重要的环节，尤其是高强度级别管线钢对焊接的要求更为严苛。目前，管线钢管的环缝普遍采用熔焊连接，但是熔焊伴随的高热输入极易引起熔合区附近热影响区（HAZ）的粗化和脆化，降低接头韧性，还容易引起靠近母材 HAZ 的软化，降低接头强度；另外焊缝区还容易生成冷、热裂纹、气孔和偏析等凝固缺陷。随着管线钢级别的提高，往往需要添加更多的合金元素以保障其力学性能，但是钢的淬硬性也随之提高，容易促使焊接接头韧性的下降。为了保证管线钢接头的强-韧性，在环缝的施焊过程中，目前普遍采用更多的焊接道次，严格控制道次间的温度，并适当地采取焊前预热和焊后缓冷，因此严重地限制了焊接的生产效率。另外，油气管线的铺设多是在偏远地区或海上，时常要面临低温、大风等恶劣气候环境，这对熔焊的工艺过程提出了非常高的要求。因此，目前管线的焊接铺装成本较高，可以达到整个油气管线输送项目总成本的 30%~50%。

汽车工业作为世界各国经济的支柱产业，它的每一次科技进步都会引起巨大的经济和社会效益。在保证安全性能不变的前提下，汽车轻量化对节约能源、减少 CO_2 排放和提高运输效益具有十分重要的意义。采用厚度小的高强度钢板以及超高强度钢板，与普通钢板相比，汽车重量可以大幅度减轻。在高强度汽车钢板中双相钢（DP 钢）和相变诱发塑性钢（TRIP 钢）由于具有较高的强度、较好的伸长率和成型性、较强的吸收碰撞能量等特性，在安全性和节约能耗方面极具潜力，目前已经成为车身轻量化中大力发展应用的高强钢材料。在汽车生产线上，电阻点焊（resistance spot welding, RSW）凭借其成本低和易于实现自动化的优点，成为车身制造中最重要的连接工艺，其中车身中 70% 的连接均采用电阻点焊技术。电阻点焊接头质量的好坏直接决定了汽车使用的可靠性和安全性。对于先进高强汽车钢，在进行 RSW 时，首先由于电阻点焊水冷铜触头的强冷却作用，其次高强度级别汽车钢的碳当量一般都较高，所以熔化的高温奥氏体在快冷形成焊核过程中，其温度变化曲线会直接穿越马氏体相变临界区，焊核中会产生大量粗大的马氏体。这些马氏体一方面能导致焊核的硬度急剧升高、脆性增大，另一方面冷却相变过程中容易产生气孔、裂纹以及内部残余应力分布不均等缺陷，此外热影响区还存在一定程度的软化，最终严重降低了焊点的强度和韧性，对汽车的安全可靠性造成严重损害。此外针对汽车钢表面的镀锌层，电阻点焊过程易造成锌的蒸发，对接头性能也将造成损害。

到目前为止，还有很多种钢铁材料无法用传统熔焊方法进行有效焊接，比如不锈钢、高碳钢、高合金钢以及一些特殊用途的钢铁材料。随着国民经济的快速发展与科技的不断进步，人们相继开发出合金成分更复杂、相组成更多的钢铁材料，传统的焊接方法在焊接这些钢铁材料时往往会严重地恶化材料的性能。因此，传统的焊接方法越来越不适应新钢铁材料的焊接。

作为一种新型的固相连接技术，搅拌摩擦焊接（friction stir welding, FSW）被认为是 21 世纪最具革命性的连接技术。FSW 利用焊接工具与工件间的摩擦热使金属软化，软化的金属因搅拌工具的搅动产生强烈的塑性变形，使焊缝发生动态再结晶，最终实现接头的稳定连接。由于 FSW 的固相连接特征，焊接过程无熔化，因而避免了裂纹、气孔、偏析等熔焊缺陷的产生。也正是由于 FSW 热输入较低，HAZ 晶粒粗化和软化不明显，因而改善了 HAZ 的强-韧性。与多道次熔焊相比，FSW 通过选择合适长度的焊接工具，可在 1~2 个道次内完成连接，提高了生产效率。另外，FSW 可实现全自动焊，不需开坡口，无预热，不受低温、强风等恶劣气候影响，焊缝稳定可靠，生产效率高。目前，FSW 主要用于铝合金的连接，并被广泛用于航空、航天、汽车、轨道交通、舰船等领域。然而，FSW 钢铁材料的相关研究较少，目前还处于起步阶段。最近，加拿大的 Schlumberger 公司和瑞典的 ESAB 公司成功开发出了专门用于连接管线钢管环缝的 FSW 装备，并用于 X65 管线钢环缝的现场施焊，获得了高质量的焊接接头。美国的 ExxonMobil 石油公司对 FSW 和全自动熔化极气体保护焊（GMAW）陆地和海上油气管线环缝的焊接成本进行了仔细核算。结果发现，尽管 FSW 的焊接工具成本比较高，如多晶立方氮化硼（PCBN）和 W-Re 合金工具，但 FSW 大幅提高了生产效率，节约了大量人力成本，与自动 GMAW 相比，FSW 在陆地和海上的油气管道连接中的成本分别节省了 7% 和 25%。因此，与传统熔焊相比，FSW 无论是在焊接质量性能、焊接稳定性还是成本上都具有极大的优势，使得 FSW 在油气管线连接领域具有极为广阔的应用前景，可望在不远的将来成为高强管线环缝的主要连接手段。

基于 FSW 原理，人们还开发出搅拌摩擦点焊（friction stir spot welding，FSSW）用来取代传统的电阻点焊（resistance spot welding，RSW）。与传统 RSW 相比，FSSW 有如下优点：（1）由于是塑性连接技术，接头具有优异的接头性能；（2）无融化焊接的缺陷；（3）低焊接变形和低残余应力；（4）节省能源、降低成本，研究表明 FSSW 所消耗能量是 RSW 的二十分之一，整个设备成本明显低于电阻点焊设备；（5）工艺过程简单，搅拌摩擦点焊对工件表面状况要求不高，无需焊接前清理即可得到高质量的点焊接头，不需要任何辅助机械。目前，FSSW 技术已经在汽车研究领域引起了极大关注，日本 Mazda 公司目前已成功经将 FSSW 用于连接汽车中的铝合金部件。

然而，虽然 FSW 在连接钢铁材料方面有巨大的优势，但是目前关于钢铁材料的 FSW 研究相对较少，很多的规律还没有掌握，需要我们做进一步的研究。

2. 研究进展与成果

（1）为了研究搅拌摩擦焊接高强管线钢，东北大学 RAL 实验室开发出了专门用于管线钢的搅拌摩擦焊管装备，该装备具有液压的快速装卡系统、自动旋转焊接系统、压力自动控制系统，焊接参数可自动调节。利用该搅拌机构可以一次性完成管线钢环形焊缝的焊接，不但可以大大提升焊接过程的效率，而且还可以获得常规熔焊方法难以获得的高质量焊接接头。目前，该机构已经成功申请了专利并得到了授权。

（2）为了解决真空热轧复合板生产过程中的焊接难题，东北大学 RAL 实验室开发出复合板真空焊接装置，利用该装置可以在真空环境下利用搅拌摩擦焊接技术一次性完成上下金属板界面四周的封装，从而解决了真空热轧复合板生产过程中的焊接难题。目前，该机构已经成功申请了专利并得到了授权。

（3）为了解决高强汽车钢电阻点焊过程中遇到的焊接难题，东北大学 RAL 实验室在"搅拌摩擦点焊先进高强汽车钢焊接接头的微观组织演变规律和强韧化机理研究"中央高校基本科研业务费项目的支持下展开了对先进高强汽车双相钢 DP780 的搅拌摩擦点焊研究，并详细归纳出焊接参数对焊接接头微观组织转变与力学性能的影响。

（4）为了解决常规熔焊过程中焊接接头粗晶区严重恶化焊接接头性能的难题，东北大学 RAL 实验室利用搅拌摩擦焊接技术成功地焊接了 X100 管线钢。不但成功地避免了传统熔焊过程中非常容易生成的粗晶区的出现，而且还获得了具有优异冲击韧性的焊接接头。

（5）为了研究奥氏体不锈钢在搅拌摩擦焊接过程中的微观组织转变机理及避免传统熔焊过程中很容易出现的热裂纹、元素烧损、晶粒粗大等焊接难题，东北大学 RAL 实验室成功地利用搅拌摩擦焊接技术连接了 AISI 201 奥氏体不锈钢。并详细研究了焊接过程中焊接接头搅拌区的再结晶机制、晶粒细化规律、σ 相及 δ-铁素体析出的规律。研究发现，搅拌摩擦焊接可以在更加广阔的范围内调节焊接参数，通过焊接参数的调节不但可以控制焊接接头的微观组织转变过程，而且还可以有效避免有害相的析出。

结合 DP780 搅拌摩擦点焊研究、X100 管线钢搅拌摩擦焊接研究、AISI 201 奥氏体不锈钢搅拌摩擦焊接研究过程，已培养博士生 1 名、硕士生 5 名。发表高水平 SCI 论文 3 篇，合计影响因子达到 9.26，申请国家专利 2 项，并全部获得授权。研究初步解决了先进高强汽车双相钢 DP780 点焊、X100 管线钢及 AISI 201 奥氏体不锈钢中的焊接难题，开发出的新型搅拌摩擦焊机也十分顺利地完成了调试并投入使用，展现出很好的推广应用前景。

3. 论文与专利

论文：

（1）Xie G M, Cui H B, Luo Z A, Yu W, Ma J, Wang G D, Effect of rotation rate on Microstructural characteristic and mechanical properties of friction stir spot welded DP780 steel［J］. Journal of Materials Science & Technology, 2016（32）: 326~332.

（2）Cui H B, Xie G M, Luo Z A, Ma J, Wang G D, Misra R D K, The microstructural evolution and impact toughness of nugget zone in friction stir welded X100 pipeline steel［J］. Journal of Alloys and Compounds, 2016（681）: 426~433.

（3）Cui H B, Xie G M, Luo Z A, Ma J, Wang G D, Misra R D K, Microstructural evolution and mechanical properties of the stir zone in friction stir processed AISI 201 stainless steel［J］. Materials Design, 2016（106）: 463~475.

专利：

（1）骆宗安，谢广明，崔洪波，王国栋. 一种管线钢环形焊缝搅拌摩擦焊接机构. CN201510154931.1。

（2）谢广明，崔洪波，骆宗安，王国栋. 一种真空搅拌摩擦焊接装置及金属复合板制备方法. CN201410843109.1。

4. 项目完成人员

主要完成人员	职　称	单　位
谢广明	副教授	东北大学 RAL 国家重点实验室
骆宗安	教授	东北大学 RAL 国家重点实验室
崔洪波	博士生	东北大学 RAL 国家重点实验室

5. 报告执笔人

谢广明、骆宗安、崔洪波。

6. 致谢

　　本研究是在东北大学轧制技术及连轧自动化国家重点实验室骆宗安教授与谢广明副教授共同悉心指导下，在课题组成员的精诚合作下完成的。在项目的完成过程中，实验室完善的装备条件和先进的检测手段，为本研究创造了良好的环境，衷心感谢实验室各位领导、相关老师和实验室的博士、硕士生们的帮助和大力支持。

目　　录

摘　　要

　　搅拌摩擦焊接技术是英国焊接研究所于1991年发明的一种固相连接新技术，被称为继激光焊以来的一场焊接革命。与传统熔化焊相比，搅拌摩擦焊接具有接头缺陷少、质量高、变形小，以及焊接过程绿色、无污染等显著优点。利用搅拌摩擦焊接可以连接常规熔焊难以焊接的铝合金、镁合金、铜合金、钛合金等金属，焊接接头的质量十分优异。目前，搅拌摩擦焊接在焊接铝、镁合金等轻质合金方面已经取得了巨大的成功，并已经在航空、航天、船舶、核工业、交通运输等工业制造领域大量应用。虽然搅拌摩擦焊接技术在轻合金材料焊接方面的应用已经很成熟，但是在焊接钢铁材料时，搅拌工具要在高温下承受巨大的摩擦力与应力，这对搅拌工具是巨大的挑战，因此，在焊接钢铁材料时依然存在较大的困难。随着搅拌工具材料的突破，搅拌摩擦焊接已近逐渐应用到了钢铁材料的焊接方面，并且取得了力学性能十分优异的焊接接头，但是到目前为止还是不成熟。

　　目前，虽然国内外都开展了大量的搅拌摩擦焊接研究工作，并取得了丰硕的研究成果，但关于钢铁材料的搅拌摩擦焊接研究相对较少，更没有专门介绍钢铁材料的搅拌摩擦焊接的书籍。因此，随着钢铁材料搅拌摩擦焊接研究的深入，亟需将钢铁材料的搅拌摩擦焊接研究进行归纳总结、梳理及提炼，为以后钢铁材料的搅拌摩擦焊接提供丰富的参考资料。2012年，东北大学轧制技术及连轧自动化国家重点实验室引进了国内第一台高温合金材料的搅拌摩擦焊机，并利用该焊机进行了大量的钢铁材料搅拌摩擦焊接的基础研究。主要的研究工作及成果如下：

　　（1）申请了"一种管线钢环形焊缝搅拌摩擦焊接机构"专利并获得批准，成功地研制并制作出该焊接机构。经过调试，该焊接机构可以一次性利用搅拌摩擦焊接技术完成管线钢环形焊缝的焊接。

　　（2）申请了"一种真空搅拌摩擦焊接装置及金属复合板制备方法"专利

并获得批准。利用该装置可以在真空轧制复合板过程中封装上下两板的界面，使热轧时复合界面不氧化，从而解决了一些难焊金属或者异种金属的焊接封装难题。

（3）开展了先进高强汽车用钢 DP780 的搅拌摩擦点焊研究，掌握了焊接参数对焊接接头微观组织转变机理的影响规律。

（4）开展了 X100 管线钢的搅拌摩擦焊接研究，利用搅拌摩擦焊接技术可以获得具有优异冲击韧性的焊接接头，成功地解决了传统熔焊过程中焊接接头晶粒过分粗大的问题。

（5）开展了 AISI 201 奥氏体不锈钢的搅拌摩擦焊接研究，详细地研究了搅拌区中晶粒再结晶机制、晶粒细化机制、析出相等问题，并且获得了高质量的焊接接头。

1 搅拌摩擦焊接技术介绍

1.1 搅拌摩擦焊接技术简单介绍

搅拌摩擦焊接（friction stir welding，FSW）是在 1991 年，由英国焊接研究所发明的一种新颖的固相焊接技术。该技术不同于任何传统的焊接技术，焊接过程中没有焊丝，没有焊剂，依靠搅拌摩擦焊机的搅拌头和搅拌头轴肩对工件的摩擦产生热量，软化工件，再通过搅拌头的高速转动使软化的工件产生塑性流动，在流动过程中产生强烈的动态再结晶，进而实现工件的连接。高速旋转的搅拌头插入工件后停留一段时间，然后沿焊接方向运动，依靠搅拌针（pin）和轴肩（shoulder）与工件的摩擦产生热量，使其周围金属软化，在搅拌头旋转的作用下软化的金属填充搅拌针后方所形成的空腔，工件在搅拌头轴肩与搅拌针的搅拌及挤压作用下实现材料连接的固相焊接。焊接完成后，整个焊缝主要由搅拌区（或称焊核区）、热机械影响区和热影响区三部分组成。搅拌摩擦焊接的示意图如图 1-1 所示。

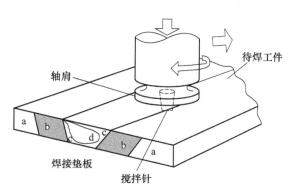

图 1-1　搅拌摩擦焊接示意图

a—母材；b—热影响区；c—热机械影响区；d—焊核区

与传统熔焊相比，搅拌摩擦焊接具有以下优点：

（1）接头力学性能良好，不易产生缺陷。焊缝是在塑性状态下受挤压完成的固相焊接，避免了传统焊接时由于金属熔池的凝固而产生的裂纹、气孔、偏析等缺陷。

（2）变形小。与传统熔焊相比，搅拌摩擦焊接的变形比熔焊小很多。

（3）焊接过程绿色、环保。因为搅拌摩擦焊接过程中只涉及搅拌头与工件的摩擦，所以焊接过程中没有烟尘与弧光污染，没有金属的飞溅，工作环境好。

（4）操作过程简单，易于实现焊接的自动化。

（5）节约能源、降低成本。在整个焊接过程中不需要焊丝、焊剂及供电系统，只需要搅拌头做为焊接工具，耗材少[1]。

搅拌摩擦焊接接头一般分为四个区：母材、热影响区、热机械影响区、焊核区，如图 1-1 所示。其中，焊核区可分为前进侧（advancing side，AS）与后退侧（retreating side，RS），前进侧在焊接过程中材料的流动方向与焊接方向相同，后退侧在焊接过中材料的流动方向与焊接方向相反，这种差异也导致了在搅拌摩擦焊接过程中两者的变形条件有明显差别。

搅拌摩擦焊接技术从 1991 年诞生以来，经过了 20 多年的发展，现在该技术已经在镁合金与铝合金的焊接中大量应用，在船舶、机动车辆和航空航天等领域也具有非常广阔的应用前景，被誉为焊接技术的革命性成果。搅拌摩擦焊接技术正式进入中国也已有 10 余年的时间。迄今为止，全球拥有搅拌摩擦焊接技术授权的单位已经超过 250 家，从事搅拌摩擦焊接研究的人员也有近万人，可见其发展速度很快。目前，搅拌摩擦焊接在铝合金和镁合金等轻金属的焊接应用方面非常广泛而且成熟，而在其他材料焊接方面的研究也非常多，比如铜合金和钛合金。越来越多的人意识到这种焊接方法的重要性而投入到搅拌摩擦焊接技术的研究中来。随着搅拌工具材料的突破，高温合金的搅拌摩擦焊接也可以顺利实现，这无疑扩大了搅拌摩擦焊接的应用范围[2]。

基于搅拌摩擦焊接的原理，密苏里大学的 Mishra 教授发明了搅拌摩擦加工技术（friction stir processing，FSP）。该技术是将旋转的搅拌工具插入到整块工件中并沿某一方向运动，利用搅拌工具的旋转在工件金属中引入强塑性变形，被搅拌工具搅拌的金属在焊接过程中会发生强烈的再结晶，进而达到细化晶粒的目的。因为搅拌摩擦加工技术与搅拌摩擦焊接技术没有本质的差别，因此，为了方便读者以后的篇幅中都用搅拌摩擦焊接统称。目前，利用搅拌摩擦焊接技术可以非常成功地对铝、镁、铜等合金进行加工，焊核区的晶粒得到极大的细化，出现纳米级的晶粒，同时力学性能也得到极大提高，甚至会出现超塑性现象。此外搅拌摩擦焊接技术还可以实现在材料表面生成化合物、材料内部的均匀化处理、材料内部化合物的均匀化处理、材料力学性能的提高等。搅拌摩擦焊接技术做为一种固态连接技术从诞生之日起就得到了人们的重视，并展现出了强大的生命力[3]。近年来，利用搅拌摩擦焊接技术连接了很多常规熔焊所无法连接的材料，而搅拌摩擦加工技术也有很多非常成功的应用范例。随着科技的发展，搅拌摩擦焊接技术必将在以后的实际生产中占有一席之地。

1.2　搅拌摩擦点焊介绍

搅拌摩擦点焊（Friction Stir Spot Welding，FSSW）是在搅拌摩擦焊接技术基础上开发的技术。其基本原理与缝焊基本相同，区别是搅拌头相对于被焊工件不做相对的直线运动，焊接完成后仅在工件的表面留下一个圆形的点焊接头。因其焊接完成后的接头与电阻点焊有几分相似，因此很多研究致力于将搅拌摩擦点焊技术应用于汽车与航天工业领域，取代传统的电阻点焊。目前为止，搅拌摩擦点焊在焊接铝、镁等轻合金方面有着十分明显的优势，在异质材料的焊接中也具有独特的优势，在汽车和其他工业领域搅拌摩擦点焊得到了极大的关注。

根据现有的资料报道，目前有两种不同的 FSSW 技术。第一种技术采用有固定形状的搅拌头，搅拌针与轴肩合为一体，在形成点焊之后留下一个典型的退出孔。第二种搅拌摩擦点焊技术是填充式搅拌摩擦，由德国 GKSS 研究中心于 1999 年开发。该技术最大的特点是采用分离的搅拌针与轴肩，在焊接过程中通过精确地控制搅拌针与轴肩的相对运动，在点焊搅拌针回撤的同时填充搅拌针留下的退出孔。采用这种点焊技术的工件在焊接完成后没有退出孔，焊接工件表面平整，但这种技术的控制系统十分复杂，只适合于要求表面平整的工件[4]。

第一种搅拌摩擦点焊焊接过程大致分为三个阶段：压入过程、焊接过程与拔出过程。

（1）压入阶段：通过对高速转动搅拌头施加顶端压力，使搅拌头插入工件中，在压力的作用下，搅拌头与工件摩擦产生热使工件软化，搅拌头进一步插入工件中。

（2）焊接阶段：搅拌头轴肩与工件接触，搅拌头完全压入工件中，继续保持搅拌头的高速旋转并保持一段时间。

（3）拔出阶段：完成连接后搅拌头从焊接工件中退出，在焊接后的工件上留下一个典型的退出孔。

具体过程如图 1-2 所示。

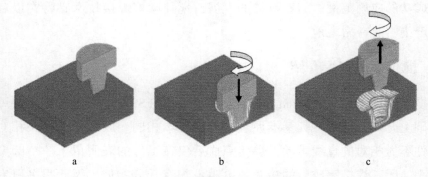

图 1-2　搅拌摩擦点焊示意图

a—压入阶段；b—焊接阶段；c—拔出阶段

1.3　搅拌摩擦焊接的应用现状介绍

与普通熔焊相比，采用搅拌摩擦焊接技术连接的焊接接头质量十分优异，因此被应用在很多领域。瑞典的核燃料及废物管理公司与英国焊接研究所合作，采用 FSW 技术生产了两种核废料紫铜容器。澳大利亚采用便携式搅拌摩擦焊接设备焊接了海洋观光船，日本住友公司采用 FSW 技术焊接了耐海水的板材。1996 年挪威的 Marine 公司采用 FSW 技术实现了快速舰船甲板、侧板等铝合金结构件的焊接。FSW 技术还在建筑行业有大范围的成功应用，比如铝、钛、铜等金属及其合金制成的面板、门窗框架、化学反应容器、管道、热交换器等。目前，搅拌摩擦焊接应用最成功的领域应该是航空航天领域。

由于航空航天领域需要应用大量的高强度轻质合金，而采用传统焊接方法焊接这些高强度轻质合金时焊接接头质量会出现严重的下降，这导致传统熔焊根本无法焊接这些材料。搅拌摩擦焊机技术因为可以成功地连接这些高强度轻质合金而被广泛地应用在了航空航天领域。图1-3为美国国家航空航天局利用搅拌摩擦焊接技术制造"猎户座"航天飞船某部件的过程示意图。此外，搅拌摩擦焊接技术在机车制造业也被大量应用。早在1998年，日立公司就将FSW技术用于地铁车体侧墙的制造，如图1-4a所示。日本的川崎重工（KHI）将FSW技术用于列车车顶的制造。日本车辆公司将FSW用于新干线列车零部件的生产。瑞典的SAPA公司从1997年开始就为列车生产提供使用FSW技术生产的铝合金挤压型材焊接部件。Alstom采用FSW技术为丹麦制造列车，如图1-4b所示。国内首先将FSW技术应用于实际轨道列车生产的是南车株洲电力机车有限公司，2010年该公司采用FSW技术焊接地铁车辆侧墙

图1-3 搅拌摩擦焊接技术制造"猎户座"航天飞船某部件的过程示意图

a   b

图1-4 搅拌摩擦焊接技术制造的列车

a—地铁车体侧墙；b—列车

技术研制成功。2010 年，青岛四方股份有限公司在广州地铁 5 号线车辆上也应用 FSW 技术小范围地焊接了车辆的侧墙。到目前为止，北车长春轨道客车股份有限公司和南车南京铺镇车辆有限公司都用 FSW 技术制造出了轨道列车的车体样本。可见，FSW 技术已在制造业得到了十分广泛的应用，并且取得了十分可喜的成果[5~9]。

1.4 搅拌摩擦点焊在工业方面的应用现状

2003 年 Mazda 公司已经将 FSSW 焊接技术应用在运动车型 Mazda RX－8 的发动机罩和后门制造中；2004 年 Mazda 公司与日本川崎重工（KHI－Kawasaki）合作，设计研制了固定式的搅拌摩擦点焊设备与 Kawasaki 机器人结合起来的搅拌摩擦点焊焊枪机构，并且替代了汽车生产线上传统的点焊机器人。2005 年 Mazda 公司首次采用 FSSW 技术实现了钢和铝合金构件的连接，并应用于 Mazda MX－5 箱盖和螺钉固定套的连接。德国 Riftec 公司在 2005 年将填充式搅拌摩擦点焊技术成功应用到了 BMW5 系列车型的门框和窗框直立边柱的生产中。丰田汽车将搅拌摩擦点焊技术应用于 Ex PRIUS 的生产，目前已有超过 100 万套门框是采用 FSSW 技术生产的。在航空航天工业中，零部件的装配连接会使用大量的铆接和螺栓连接，从而使零件数量增多、装配速度放慢，并且制造工艺复杂，对自动化生产的适应能力减弱。如何减轻结构件的质量和降低成本是各个厂家普遍关注的重大问题。在典型战斗机机翼生产中，需要 300 多个零件、约 23000 个紧固件，完成整个装配过程最少需要一年的时间。由于传统的铆接连接工艺在航空工业制造方面的局限性，开发新的焊接工艺越来越受到关注。搅拌摩擦点焊因为其接头质量高、变形小、焊接质量稳定以及节省能源等优点，在航空航天工业领域有着巨大的优势。采用搅拌摩擦点焊技术不但比传统的铆接更适应自动化生产，而且可以取代紧固件，减少装配零件数量，可大幅度减轻机翼的重量，降低生产成本和费用。搅拌摩擦点焊技术不但可以用于结构件生产，而且还可以对航空构件缺陷进行修复，如裂纹、气孔、缺口等。2007 年美国已将该技术应用于原位铆接接头修复。美国 AMD 公司对飞机 T 型筋与机身平板采用填充式搅拌摩擦点焊连接技术连接，焊接完成后具有无匙孔、接头质量高等优点。该公司还用填充式搅拌摩擦点焊技术代替铆钉对飞机机翼蒙皮结构进行了修复，提高了飞机的使用寿命，大大降低了维修成本。此外，搅拌摩擦点焊技术也已在航空航天工业中有了很多的应用，比如卫星整流罩、火箭推进剂储存箱、气瓶条带导弹包装箱等。

但到目前为止，很多的研究与应用都集中在了轻质合金材料方面，而关于钢铁材料的研究相对较少，实际工业应用的报道则更是寥寥无几。因此，本书在接下来的篇幅中重点介绍了钢铁材料的搅拌摩擦焊接。

2 钢铁材料搅拌摩擦焊接介绍

2.1 钢铁材料搅拌摩擦焊接技术的难点

在实际的焊接过程中，很多钢铁材料是无法用常规的熔焊方法焊接的，或者在焊接后焊缝的性能出现非常严重的下降。搅拌摩擦焊接技术在轻质合金材料的焊接方面取得了巨大的成功，很多学者试图将搅拌摩擦焊接技术应用到钢铁材料的焊接上，但是在钢铁材料的搅拌摩擦焊接过程中存在很大的困难。由于在钢铁材料搅拌过程中，搅拌工具要与金属产生剧烈的摩擦，因此搅拌工具要在高温下承受巨大的扭矩与摩擦。对于铝、镁合金等轻质合金，其材质较软，使用工具钢等做为搅拌工具就可以满足要求。但是由于钢铁材料的熔点与强度较高，在搅拌摩擦焊接钢铁材料时，搅拌工具要在高温下承受巨大的扭矩与摩擦力，因此在焊接钢铁材料时，对搅拌工具材料的要求极其苛刻[10]。图 2-1 为在不同的温度下铝合金与钢铁材料的抗拉强度示意图。从图中可知，在搅拌摩擦焊接过程中，只有焊接温度超过 800℃ 时，钢铁材料的强度才会出现急剧下降。因此，在 800℃ 以下焊接时，搅拌工具将承受巨大的扭矩及摩擦力；在 800℃ 以上焊接时，材料才会软化，因此一般会选择在 800℃ 以上焊接，这时搅拌工具必须在高温下具有很好的耐磨性并具有一定的强度[11]。正因如此，很多人也认为搅拌工具是搅拌摩擦焊接技术的"心脏"。到目前为止，钢铁材料的搅拌工具价格比较昂贵，且使用寿命较短，这成为制约钢铁材料搅拌摩擦焊接技术发展与工业应用的重要因素。虽然钢铁材料的搅拌摩擦焊接工具目前已经有了很大的突破，但大多数的报道都停留在理论阶段，实际的生产应用还不成熟。目前，钢铁材料的搅拌摩擦焊接面临的最大挑战是开发出价格低廉、耐用的搅拌工具。此外，由于国外对钢铁材料的搅拌摩擦焊接技术都采取了技术封锁，最新的研究进展也无法获取，如此，我们才更应该加强对钢铁材料搅拌摩擦焊接的研究。

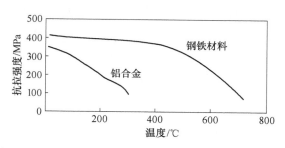

图 2-1　不同温度下铝合金与钢铁材料的抗拉强度示意图

2.2　钢铁材料搅拌摩擦焊接工具介绍

2.2.1　立方氮化硼（PCBN）搅拌工具

目前，钢铁材料的搅拌摩擦焊接工具很多都采用立方氮化硼（Polycrystalline cubic boron nitride，PCBN），尤其是美国的学者们，几乎全部采用 PCBN 来完成钢铁材料的搅拌摩擦焊接。由于 PCBN 在高温下依然具有较高的强度与硬度，因此它成为理想的焊接高温合金材料的搅拌工具。此外，PCBN 具有较低的摩擦系数，使用 PCBN 做为搅拌工具焊接工件时，焊缝表面也比较光滑与平整。但是由于 PCBN 在生产过程中需要极高的压力与温度，这导致了 PCBN 的生产成本比较高，也导致了其价格比较昂贵。此外，由于 PCBN 的韧性较差，在搅拌摩擦焊接开始的压入阶段，搅拌工具很容易发生断裂。根据目前的报道，使用 PCBN 做为搅拌工具可以焊接超过 45m 长的低碳微合金钢与超过 60m 长的结构钢，但上述的报道中没有提及焊接弓箭的厚度。其他的报道中，利用 PCBN 搅拌工具可以焊接的工件厚度最厚为 10mm[10~13]。

2.2.2　钨合金基体的搅拌工具

纯钨在高温下具有很高的强度，但是在常温下其韧性较低。此外，纯钨的耐磨性较差，所以在搅拌摩擦焊接过程中，纯钨很难作为搅拌工具。因此，人们在钨中加入了铼（Re），制作出钨铼（W-Re）合金的搅拌工具。如今，有很多高温合金的搅拌摩擦焊接都采用 W-25%Re 合金做为搅拌工具，并且焊接效果比较理想。与 PCBN 相比，W-Re 合金的搅拌工具韧性较好。此外，在使用 PCBN 做为搅拌工具时,搅拌工具中的合金元素会扩散到焊缝中,产生有害的相,从而损害焊接接头的性能,而使用 W-Re 合金的搅拌工具就可以避免这个问题。但是由于铼十分的贵重,所以这种搅拌工具价格不菲,这也限制了 W-Re 合金搅拌工具的应用。此外,有些学者也利用钨-碳(W-C)合金做为搅拌工具成功地焊接了高温合金材料。根据报道,这种材料的韧性十分优异,而且硬度高达 1650HV。但是这种材料对于焊接过程中温度与载荷的突变十分的敏感,而在焊接过程中,温度与载荷的突变会经常发生,因此 W-C 搅拌工具在搅拌摩擦焊接过程中经常发生损坏,这成为制约这种搅拌工具发展的不利因素[14~16]。此外,也有一些学者利用 W-La 焊接钛合金,但是其搅拌工具的具体成分未知[17]。

2.2.3 其他工具

也有学者利用 Si_3N_4 制作高温合金材料的搅拌工具,但是利用这种材料做为搅拌工具的报道较少。有些学者在 Si_3N_4 搅拌工具的表面涂一层涂层,比如钻石或者 TiC 等,这种涂层可以进一步提高搅拌工具在高温下的耐磨性[18]。此外,钼合金也被用来做高温合金的搅拌工具,但是只有少数人在使用,应用并不广泛[19,20]。Miles 等人[21]结合了 PCBN 与 W-Re 合金的优点,使用了不同比例的这两种材料混合制成的搅拌工具来完成 DP980 高强汽车钢的搅拌摩擦点焊,取得了良好的效果。

2.2.4 高温合金材料搅拌工具的选择

根据目前的报道,应用最广泛的高温合金材料搅拌工具为 PCBN,其次为 W-Re 合金,其他材料的报道相对较少。不同的搅拌工具因材料的不同,其性能也不相同,在焊接过程中,应该根据不同的情况选择不同材料的搅拌工具。在选择搅拌工具时,应该着重考虑焊接接头的质量与搅拌工具的磨损这两个因素。高温合金材料的搅拌摩擦焊接都是在高温下进行的,搅拌工具中的合金元素可以扩散到焊缝中,进而影响焊缝区组织的转变过程,或者产生有害析出相[17]。可见,搅拌工具元素的扩散问题必须在焊接过程中考虑。此外,搅拌工具在焊接过程中的磨损也是应该着重考虑的问题。在搅拌摩擦焊接钢铁材料过程中，搅拌工具会在高温下经受强烈的摩擦，这会大大降低搅拌工具的寿命[21]。轻质合金搅拌工具一般都具有较低的价格与较长的寿命，所以利用搅拌摩擦焊接技术连接轻质合金具有很好的经济效益。同样，为了将搅拌摩擦焊接技术推广到高温合金材料的实际工程应用中，搅拌工具也必须价格低廉且寿命较长。目前，PCBN 与钨合金的搅拌工具是表现性能最好的搅拌工具材料。PCBN 因具有较高的硬度，在焊接过程中的磨损要比其他的工具小很多。但是 PCBN 搅拌工具韧性较差，因此在焊接过程中遇到焊接载荷突变或者有共振的情况下，搅拌工具很容易发生断裂。此外，昂贵的价格成为限制其应用的重要因素。虽然钨合金的搅拌工具硬度较低、耐磨性较差，在高温合金材料的搅拌摩擦焊接过程中很容易磨损，但是其价格较低，因此成为了高温合金搅拌工具非常不错的选择。同时，钨合金搅拌工具的韧性较好，这降低了搅拌工具在焊接过程中发生断裂的可能。而对于 Si_3N_4 搅拌工具，其价格较低，在焊接中的表现也足以与 PCBN 搅拌工具相媲美，因此也吸引了大家的注意[10,21]。

2.2.5 钢铁材料搅拌工具形状

在搅拌摩擦焊接过程中，搅拌工具的形状会严重影响焊接过程中的热输入量、压力与扭矩、材料的流动性等。其中，轴肩尺寸、轴肩角度、搅拌针长度及形状、有无螺纹等都对搅拌摩擦焊接过程有重要影响。这些因素对搅拌摩擦焊接的影响与轻质合金的搅拌摩擦焊接类似，因此在这里不再赘述。但高温合金搅拌工具形状设计原则与轻质合金搅拌工具有很大不同。由于轻质合金在焊接过程中的扭矩、压力及摩擦力要小很多，因此可以采用形状复杂的搅拌工具来增加材料在焊接过程中的流动性，从而增加材料的变形速率与产热量。但在高温合金材料的搅拌摩擦焊接过程中，搅拌工具要在高温下承受强烈的摩擦及巨大的扭矩与压力，采用形状复杂的搅拌工具很容易导致搅拌工具磨损剧烈甚至断裂。因此，高温合金材料的搅拌工具一般采用形状比较简单的圆柱形或圆锥形。为了增加材料的流动性及产热量，一般在轴肩及搅拌针上都会有螺纹。图 2-2 为英国焊接会所发明的 MX Triflute 轻质合金搅拌工具。从图中可以看出，轻质合金搅拌工具的形状非常复杂，同时螺纹较深。图 2-3 为美国 Magestir 公司与赛福斯特公司生产的高温合金搅拌工具，其形状多呈圆锥形，并且没有非常复杂的形状，且螺纹深度较浅。这种设计主要目的是减轻搅拌工具在焊接过程中的磨损，并防止搅拌工具发生断裂[3,10]。

图 2-2　MX Triflute 轻质合金搅拌工具

图 2-3　美国 Magestir 公司与赛福斯特公司生产的高温合金搅拌工具

2.3　钢铁材料搅拌摩擦点焊的研究现状

本书之前已经做了介绍，搅拌摩擦点焊分为两种，第一种搅拌工具轴肩与搅拌针为固定的，搅拌摩擦点焊完成后会在焊接工件上留下一个典型的退出孔。退出孔的存在会严重地影响焊接工件的美观及焊接接头的力学性能。因此，在焊接轻质合金时很多学者都采用了第二种搅拌摩擦点焊方法，即采用分离的搅拌工具轴肩与搅拌针，在焊接过程中通过精确控制搅拌工具轴肩与搅拌针相对运动，在搅拌针回撤的同时填充退出孔，在焊接完成后没有留下退出孔。采用这种方法焊接后工件平整。但是由于第二种方法要完成复杂的相对运动，填充退出孔需要较长的焊接时间[6]。同时，钢铁材料在高温下的流动性较差，采用这种方法焊接存在很大的难度。相比之下，第一种搅拌摩擦点焊方法速度较快，控制系统相对简单，很容易集成到大批量的汽车组装生产线中。因此，在钢铁材料的搅拌摩擦点焊过程中绝大部分的研究都采用了固定的搅拌工具。

2.3.1 双相钢搅拌摩擦点焊研究

当前，由于环保和节能的双重需要，汽车中大量应用了先进高强钢，但是如果先进高强钢的电阻点焊工艺不当就非常容易形成穿线淬硬组织，从而使电阻点焊接头存在非常大的内应力，在使用时容易产生界面断裂[22~26]。因此，有很多研究学者利用搅拌摩擦点焊来焊接汽车高强钢，先进高强钢的搅拌摩擦点焊研究也成为热点。

双相钢（dual-phase，简称 DP 钢），又称复相钢，包含铁素体与马氏体相组织。双相钢是低碳钢或低合金高强度钢经临界区热处理或控制轧制后获得的。这类钢具有高强度和高延性的良好配合，已成为一种强度高、成型性好的新型冲压用钢，成功地用于汽车产业等领域中。

Sarkar 等人[27]利用 PCBN 搅拌工具焊接 1.6mm 厚 DP590 高强汽车钢，焊接过程中采用了不同的转速与压入速度。焊接完成后在焊接工件上留下一个典型的退出孔。在焊接过程中不同的焊接参数下组织都发生了奥氏体化，焊接峰值温度超过了 A_3 点。通过焊接参数的调节可以使焊接接头的断裂模式为焊核拔出，并获得较优异的力学性能。同时作者指出：在焊接过程中随着转速的提高，不但峰值温度会升高，焊接过程中材料的流动也会加强，这使结合界面的面积增加，抗拉强度也会随之提高。

Ohashi 等人[18]利用 Si_3N_4 搅拌工具焊接 1.2mm 厚的 DP590 汽车高强钢。搅拌工具有两种：一种表面有 TiC/TiN 涂镀层，一种没有涂镀层。搅拌工具的形状如图 2-4a 所示，从图 2-4b 中可以看出，搅拌摩擦焊接接头的宏观形貌由搅拌工具的形状决定。图 2-5 为搅拌摩擦点焊连接处宏观形貌与拉伸试样断裂位置示意图。如图 2-5a 所示，由于搅拌工具的搅拌作用，上下板的材料产生上下的流动，材料的流动方向如图 2-6 所示。这种材料的流动最终实

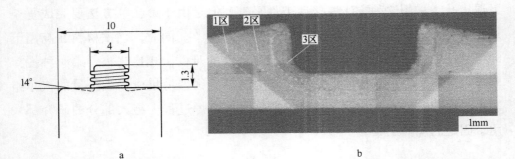

图 2-4 搅拌摩擦点焊搅拌工具形状（a）与焊接接头宏观形貌（b）

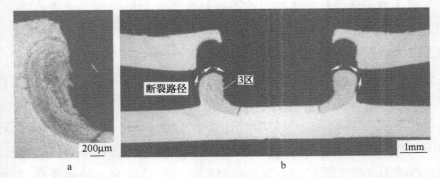

图 2-5 连接处宏观形貌（a）与拉伸试样断裂位置（b）示意图

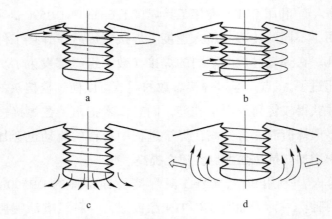

图 2-6 搅拌摩擦点焊过程中轴肩处（a）、搅拌针处（b）、
搅拌针底部（c）和远离搅拌针处（d）材料的流动方向

现了上下板的连接，这种连接模式也决定着拉伸试样的断裂模式。此外，在没有氩气与涂镀层保护的情况下，焊缝中出现了 O、Si 与 N 的元素。因为元

素的扩散，焊接接头的硬度上升，但是这会降低焊接接头的力学性能。而氩气的保护会防止焊接接头的氧化，涂镀层会阻止搅拌工具的元素向焊接接头的扩散。

Sarkar 等人[28]利用轴肩及搅拌针上有螺纹的 PCBN 搅拌工具焊接了 1.6mm 厚的 DP590 高强汽车钢，研究了焊接过程中材料的流动。搅拌工具的具体形状如图 2-7a 所示，焊接完成后的焊接接头宏观形貌如图 2-7b 所示。在搅拌摩擦点焊过程中，具体的材料流动方式如图 2-8 所示，从图中可以看出，在搅拌摩擦点焊过程中，材料的流动是十分复杂的。根据 Sarkar 等人与 Ohashi 等人[18]的研究，我们发现在搅拌摩擦点焊过程中，搅拌工具的形状不但可以影响焊接接头的宏观形貌，而且更会影响焊接过程中材料的流动性，进而影响焊接接头的力学性能。

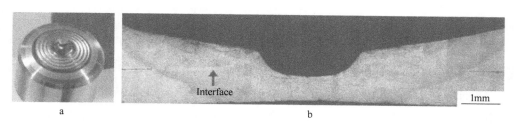

图 2-7 搅拌工具形状（a）和焊接接头宏观形貌（b）

图 2-8 搅拌摩擦焊接接头材料流动示意图

Santella 等人[29]利用短搅拌针与长搅拌针两种不同形状的 PCBN 搅拌工具分别焊接了 1.5mm 厚镀锌与非镀锌的 DP780 高强汽车钢，具体的搅拌工具形状如图 2-9 所示。通过调节焊接过程中的压入速率，可以提高上下两板的结合面积，从而极大地提高焊接接头的力学性能。此外，作者还对搅拌摩擦点焊的经济效益做出了评价。根据作者的估算：只有当每个搅拌工具的焊接寿命可以达到 26000 个焊点时，搅拌摩擦点焊的成本才能与电阻点焊相同。但是根据之前的实验，每个搅拌工具只能焊接 500~1000 个点。很明显，降低搅拌工具的价格、提高搅拌工具的寿命是目前搅拌摩擦点焊在推广应用中面临的最大挑战。因此，有很多研究集中在搅拌工具的磨损方面。

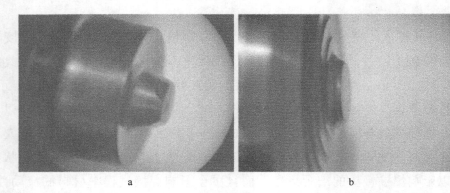

图 2-9　搅拌摩擦点焊搅拌工具形状
a—长搅拌针；b—短搅拌针

　　Khan 等人[30]分别利用搅拌摩擦点焊与电阻点焊两种方法焊接了 1.2mm 厚的镀锌 DP600 高强汽车钢。通过力学性能测试与金相组织分析，简要对比了两种焊接方法的优劣。焊接完成后，采用搅拌摩擦点焊焊接工件时会在工件上留下一个典型的退出孔，相比之下，电阻点焊的焊接接头明显比较美观。金相实验结果表明，两种焊接接头的金相组织比较类似。力学性能测试结果表明：电阻点焊与搅拌摩擦点焊的最高剪切强度分别为 15kN、11 kN。此外，电阻点焊焊接接头的剪切强度与热输入量呈线性关系，而搅拌摩擦焊接焊接接头的剪切强度变化较大。因此，采用电阻点焊的方法更容易控制焊接质量，作者认为电阻点焊比搅拌摩擦点焊更具有优势。

　　Hartman 等人[31]研究了在搅拌摩擦点焊 DP980 过程中，不同晶粒尺寸的 PCBN 搅拌工具的寿命。三种搅拌工具都含有 90% 的氮化硼，晶粒尺寸分别为 3~6μm、12~15μm、4~40μm。经过搅拌摩擦点焊发现：晶粒尺寸为 3~6μm 时，搅拌工具的耐磨损性最优异；晶粒尺寸为 12~15μm 时，搅拌工具的耐磨性较差，但当焊接超过 200 个点时，焊接接头的力学性能低于可以接受的最低值（8.8kN）；表现最差的是晶粒尺寸为 4~40μm 的搅拌工具，当焊接点没有超过 100 个点时，焊接接头的力学性能就不能满足要求。图 2-10 分别为新的晶粒尺寸为 3~6μm 搅拌工具的形状与焊接 100、200、300、400 个点后搅拌工具的磨损情况。从图中可以看出，在焊接过程中，搅拌工具的磨损比较严重。此外，Hartman 在焊接过程中采用的转速为 6000r/min，与其他研究相比采用的转速很高，而较高的转速很可能会加速搅拌工具的磨损，这方面还需要进行进一步的研究。

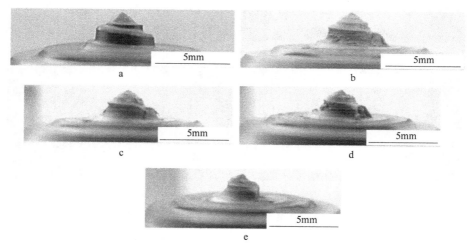

图 2-10　新搅拌工具（a）与焊接 100（b）、200（c）、
300（d）、400（e）个点后的搅拌工具

Saunders 等人[32] 也研究了 DP980 高强汽车钢的搅拌摩擦点焊。实验过程中采用的搅拌工具也为 PCBN，形状与 Hartman 等人的研究中的搅拌工具一样，但是未公布搅拌工具内部的微观组织与晶粒大小。在焊接过程中采用的转速为 2500~6000r/min，这与之前的研究基本一致。实验过程中可以焊接超过 900 个点，且焊接接头的抗拉强度超过 9kN，一直到搅拌工具损坏后力学性能才出现下降。图 2-11 为搅拌工具在焊接过程中的磨损情况，从图中可以看出，一直到焊接超过 400 个点后，搅拌工具才出现十分明显的磨损。

Miles 等人[21] 利用了 PCBN 与钨铼合金混合制成的搅拌工具，焊接 1.4mm 厚的 DP980。实验中采用了两种成分的搅拌工具：一种含有 60% 的 PCBN，余下为钨铼合金；另一种含有 70% 的 PCBN，余下为钨铼合金。图 2-12 为搅拌工具的形状。当使用 70%PCBN 的搅拌工具时可以焊接超过 1200 个点，且剪切强度比较稳定，未出现明显的下降。而当使用 60%PCBN 的搅拌工具焊接时，在低于 1000 个点时，焊接接头的剪切强度出现严重的下降。作

图 2-11 搅拌摩擦焊接 100 (a)、400 (b)、700 (c)、

725 (d) 个点后搅拌工具的磨损情况

者认为钨铼合金的摩擦系数较大,且耐磨性比 PCBN 材料差,因此采用含有 70%PCBN 的搅拌工具具有较长的寿命。同时,由于钨铼合金的摩擦系数较大,焊接过程中的温度较高,材料的高温奥氏体化程度高,在冷却过程中使焊接接头含有更高的马氏体含量,这也导致了焊接接头硬度较高。

图 2-12 搅拌工具形状

2.3.2 TRIP 钢的搅拌摩擦点焊研究

Mostafapour 等人[33]模拟了焊接过程中转速、停留时间与压入深度对搅拌

摩擦点焊 1.2mm 厚的 TRIP 钢焊接接头各区大小的影响。结果表明：焊接停留时间对焊接接头各区大小的影响最大，其次是焊接转速，压入深度对其的影响最小。

Mazzaferro 等人[34]研究了镀锌板 TRIP800 钢的搅拌摩擦点焊。焊接过程中的搅拌工具与焊接接头宏观形貌如图 2-13 所示。随着焊接转速的提高与停留时间的延长，搅拌区出现了更多的铁素体。由于钢板表面有一层锌，焊接完成后在上下两板之间留下了一条由锌组成的线。在拉伸过程中，裂纹起源于两板之间，然后沿着锌线扩展。因此，锌的存在在一定程度上降低了焊接接头的强度。

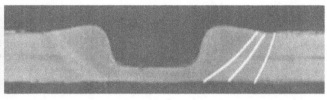

图 2-13　搅拌工具形状（a）与焊接接头宏观形貌（b）

2.3.3 低碳钢的搅拌摩擦点焊研究

Choi 等人[35]利用 WC-Co 合金搅拌工具焊接了 0.6mm 厚的低碳退火钢，并主要研究了搅拌工具的耐磨性。焊接过程中搅拌工具的材料有两种：一种是 WC-13%Co，第二种在第一种合金成分的基础上加入了 6%Ni 与 1.5% Cr_3C_2。搅拌工具的磨损情况如图 2-14 所示。从图中可以看出，伴随着焊接过程中的磨损，搅拌工具的边缘磨损很严重，形成一种固定的形状，这种形

图 2-14　搅拌工具焊接 100（a）、200（b）、300（c）、500（d）个点后的磨损情况

状可以最大限度地降低搅拌工具的磨损。在完成 500 个点的焊接后，搅拌工具的磨损十分严重，已经不可使用。

Tebyani 等人[36]研究了在焊接接头中添加 SiC 纳米粉末对焊接接头组织转变及力学性能的影响。研究发现，SiC 纳米粉末可以极大地抑制焊接接头晶粒的粗化，从而使搅拌区的晶粒细化。在添加 SiC 纳米粉末的情况下，搅拌区晶粒大小只有约 0.32μm，而没有添加 SiC 纳米粉末时，搅拌区晶粒大小约为 2.37μm，如图 2-15 所示。晶粒细化使焊接接头的硬度与力学性能都有所上升。

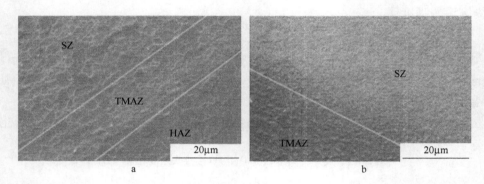

图 2-15 焊接接头中晶粒大小

a—无 SiC 纳米粉末；b—添加 SiC 纳米粉末

SZ—搅拌区；TMAZ—热机械影响区；HAZ—热影响区

Baek 等人[37]采用 WC-Co 合金搅拌工具焊接了 0.6mm 厚的低碳钢，重点研究了压入深度对焊接接头力学性能及断裂方式的影响。作者指出：压入深度较低时，焊接接头的断裂方式为上下板之间的断裂；而当压入深度增加时，焊接接头的断裂方式为焊核剥离，同时剪切强度也随之增加。

Aota 等人[38]利用没有搅拌针只有轴肩的搅拌工具焊接了 0.5mm 厚的低碳钢钢板。由于没有搅拌针，所以在焊接后焊接接头没有留下退出孔，但是由于轴肩的压入，在焊接接头上也留下了一个凹坑。焊接接头的宏观形貌如图 2-16 所示。在焊接过程中，当搅拌工具压入深度小于 0.05mm 时，两板不能形成有效连接；当压入深度为 0.1~0.14mm 时，在剪切拉伸试验过程中，焊接接头在两板之间断裂；当压入深度为 0.16~0.22mm 时，在剪切拉伸试验过程中，焊接接头的断裂位置为凹坑的边缘。随着压入深度的增加，虽然上下两板之间的结合更加紧密，但是上板的减薄更加严重，有效结合面没有增加，因此剪切强度更没有增加。此外，在两板的结合处并没有发现有明显的塑性流动现象。因此，焊接过程中上下两板之间的结合是依靠高温下上下两板之间的元素扩散完成的。值得注意的是，本实验中的转速高达 18000r/min，远高于其他文献中的转速。

图 2-16 焊接接头宏观形貌

Lakshminarayanan 等人[39]研究了焊机参数对低碳汽车钢焊接接头剪切强度的影响，并总结出了焊接各个参数与焊接接头剪切强度之间的经验公式。文章指出，焊接过程中有四个焊接参数：焊接转速、压入速度、焊接停留时间与压入深度。在这四个焊接参数中，焊接停留时间对焊接接头的剪切强度影响最大，其次为转速与压入深度。同时，各个焊接参数对焊接接头的剪切强度影响是相互的，而且各个焊接参数之间存在一个最优组合。

2.3.4 其他钢种的搅拌摩擦点焊研究

在使用传统的电阻点焊焊接高猛 TWIP 钢时，会遇到很多问题，比如晶粒长大、热裂纹、有害相析出等。Ahmed 等人[40]利用 W-C 合金焊接了 1.5mm 厚的高锰 TWIP 钢。焊接完成后的焊接接头宏观形貌如图 2-17 所示。经过焊接后，在上下两板之间形成了纽带连接，上下两板依靠这个纽带实现连接，具体形状如图 2-18 所示。此外，所有的焊接接头的断裂模式都是焊核拔出，最大剪切强度可以达到 13kN。由此可见，采用搅拌摩擦点焊技术可以十分成功地完成高锰 TWIP 钢的连接。

图 2-17 焊接接头宏观形貌

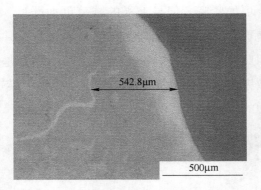

图 2-18 搅拌摩擦焊接接头中的纽带

Hovanski 等人[41]利用 PCBN 搅拌工具焊接了热冲压硼钢。焊接热影响区产生了马氏体组织,而在两板结合处产生了一条铁素体带。在拉伸试验过程中,断裂界面沿着这条铁素体带扩展。

Hossain 等人[42]利用 PCBN 搅拌工具成功地焊接了 1.2mm 厚的 409L 铁素体不锈钢。焊接过程中搅拌工具的具体形状如图 2-19 所示。图 2-20 为焊接完成后焊接接头的宏观形貌示意图。从图中可以看出,采用这种搅拌工具焊接的焊接接头上下板的结合面积相比其他文献中的结合面积大很多,因此这种形状的搅拌工具更适合完成搅拌摩擦点焊。拉伸试验结果表明,焊接接头的剪切强度可以达到 11.02kN,且焊接接头的断裂模式为焊核拔出。

图 2-19 搅拌工具形状

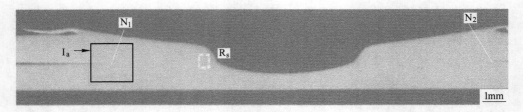

图 2-20 焊接接头宏观形貌

Jeon 等人[43]研究了奥氏体不锈钢在搅拌摩擦点焊过程中焊接接头的微观组织转变过程。作者指出，焊接过程中焊核区的组织以剪切变形为主，焊核区以 {111} <110>剪切织构为主。在搅拌工具的压入阶段，由于温度较低，焊核区的晶粒细化以连续动态再结晶为主。而当搅拌工具的轴肩与工件接触后，温度迅速上升，焊核区的晶粒细化方式以不连续动态再结晶为主。

此外，Sarkar 等人[44]利用 PCNB 搅拌工具成功地焊接了 IF 钢与 DP 钢异种金属，并取得了理想的效果。由于焊接接头的组织转变过程与之前介绍的内容有雷同的地方，因此在这里就不做介绍了。

2.3.5　新颖的搅拌摩擦焊接方法尝试

Hsieh 等人[45]采用一种很特殊的搅拌工具焊接了低碳钢，搅拌工具没有搅拌针，只有轴肩，且其内部含有一个直径为 10mm 的柱形低碳钢，外部由直径为 20mm 的桶形 W-C 合金材料组成。因为搅拌工具没有搅拌针，只有轴肩，所以在焊接完成后，工件表面没有留下退出孔。相比于其他文献中的焊接接头，该文献中的焊接接头要美观很多。当采用这种特殊搅拌工具时，工件的温度上升速度明显要快很多，同时上下板之间产生了很紧密的冶金熔合。值得注意的是，本文中的断裂强度高达 34kN，远高于其他文献中的力学性能，且焊接接头比较美观。因此，这种特殊形状的搅拌工具具有很大的优势。但是文献并没有对搅拌工具的寿命进行评价，值不值得工业应用还有待商榷。

为了消除焊接过程中的退出孔，Sun 等人[46]利用了两步焊接的方法焊接了 1mm 厚的低碳钢。焊接过程中第一步采用直径较小的搅拌工具，并将钢板放置于有凹槽的垫板上，焊接完成后的焊接接头宏观形貌如图 2-21a 所示。第二步中将焊接接头放到平的垫板上，并采用直径较大的搅拌工具压平焊接接头，完成后的焊接接头宏观形貌如图 2-21b 所示。在拉伸试验过程中焊接接头在临近热影响区的位置断裂，断裂强度可以达到 6.6kN。由此可见，采

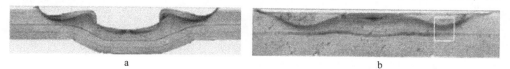

a　　　　　　　　　　　b

图 2-21　第一步（a）与第二步（b）焊接完成后的焊接接头宏观形貌

用这种方法不仅消除了退出孔，而且力学性能还比较优秀，这种方法值得我们借鉴。

在搅拌摩擦焊接过程中，焊接过程的热量来自于搅拌工具与工件的摩擦，焊接过程中的热输入量只能通过焊接参数的调节来控制。Sun 等人[47]利用高频感应的方式预先加热工件，从而从外部引入热量到焊接接头，完成了 S12C 钢板的搅拌摩擦点焊，这与其他的文献报道有本质的差别。焊接过程中的具体步骤如图 2-22 所示。利用预热可以使焊接接头的峰值温度提高约 250℃，预热完成后，焊接接头的上下两板在较低的转速与压力下便可以紧密结合，并且焊接接头的断裂模式可以变为焊核拔出，力学性能也十分优异。由此可见，这种外加热源提高焊接接头力学性能的方法很值得借鉴。

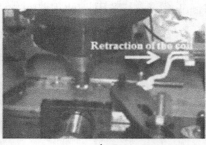

a   b

图 2-22 焊接过程示意图

a—高频预热；b—焊接

Mandal 等人[48]为了避免搅拌工具在压入过程中的磨损，在钢板上预先放置一块比较软的金属，让搅拌工具首先与较软的金属接触，依靠搅拌工具与较软金属产生的摩擦热，软化下方的钢板。在搅拌工具压入的时候，扭矩与压入分别降低了 80% 与 60%。这无疑会在很大程度上减少搅拌工具的磨损，从而延长搅拌工具的寿命。这种方法也值得我们参考。Miles 等人[49]指出，搅拌摩擦焊接机器人可以承受最大的力为 8kN，当焊接过程中转速小于 3000r/min 时，焊接过程中的压力为 11~14 kN。因此，当使用搅拌摩擦焊接机器人焊接工件时，焊接过程中要采取较高的转速。

2.3.6 钢铁材料搅拌摩擦点焊研究小结

根据以上钢铁材料搅拌摩擦点焊的实验研究结果可以总结出以下观点：

（1）在各种搅拌工具中 PCBN 搅拌工具的耐磨性最佳，理论上最适合搅拌摩擦焊接点焊。

（2）搅拌摩擦焊接过程中焊接接头的宏观形貌与搅拌工具的形状密切相关，并且对焊接接头的断裂模式有重要的影响。扁平甚至没有搅拌针的搅拌工具似乎更适合搅拌摩擦点焊。

（3）搅拌摩擦点焊过程中，材料的流动性与搅拌工具的形状密切相关。

（4）当使用形状扁平的搅拌工具时，上下两板的结合主要是依靠上下两板之间在高温下的扩散完成的。增加焊接停留时间或者减小压入速度可以增加焊接接头上下两板的扩散时间，因此可以使上下两板结合得更紧密，焊接接头的力学性能也随之提高。

（5）在钢铁材料的点焊方面，搅拌摩擦点焊与电阻点焊相比并没有十分明显的优势。搅拌工具较短的寿命与昂贵的价格严重制约着钢铁材料搅拌摩擦点焊的工业推广应用。

此外，由于搅拌摩擦焊接点焊的整个过程由压入、停留与拔出三部分组成，因此整个焊接时间较长，而使用电阻点焊焊接一个点的时间往往小于 1s，因此在焊接效率上，搅拌摩擦点焊明显处于劣势。

2.4 碳钢搅拌摩擦焊接研究

由于搅拌摩擦点焊过程在钢铁材料点焊方面的局限性，其应用并不十分广泛，而搅拌摩擦焊接在焊接钢铁材料过程中就既可以提高焊接过程总的效率，同时又可以焊接常规熔焊无法焊接的钢铁材料，并获得具有优异力学性能的焊接接头，因此，钢铁材料的搅拌摩擦焊接成为热点。由于大部分的研究都集中在碳钢与不锈钢方面，因此，我们总结了这两种钢铁材料的搅拌摩擦焊接研究。

2.4.1 低碳钢搅拌摩擦焊接研究

西安建筑科技大学的赵凯等人[50]对 3mm 厚的冷轧 IF（interstitial free steel）钢板进行了搅拌摩擦焊接加工，在加工过程中采用了氩气保护与干冰乙醇强制冷却。焊接完成后加工接头的外表很光滑，由于外加冷却的作用，热影响区的范围很小。材料表面的晶粒由于受到强烈的摩擦而产生强烈的再结晶，晶粒细化到 5～10μm，随着深度的增加，硬度高达 312.8HV。由此可见，使用搅拌摩擦加工技术可以极大地细化材料的晶粒，由于细晶强化，材料的抗拉强度与硬度都得到极大的提高，这也成为搅拌摩擦焊接加工研究的热点。

Chabok 与 Dehghani 等人[51]研究了不同焊接参数对 1.5mm 厚 IF 钢搅拌摩擦焊接加工接头力学性能的影响。加工完成后，在所有试样的表面都形成了纳米晶粒的覆盖层，如图 2-23 所示。

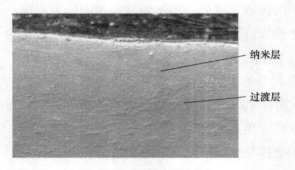

图 2-23　材料表面纳米层

日本大阪大学的 Fujii 等人[52]研究了 1.6mm 厚三种不同状态 IF 钢在相同的搅拌摩擦焊接参数下焊接接头的硬度与晶粒大小的变化；分析了原始母材的状态对搅拌摩擦焊接过程中焊核区的微观组织转变的影响。

此外，Fujii 等人[53]还研究了不同的碳含量碳钢搅拌摩擦焊接接头微观组织转变过程。实验过程中分别采用不同碳含量的钢铁材料：IF 钢、S12C（碳含量 0.12%）、S35C（碳含量 0.35%）。作者通过调节焊接参数可以使焊接过程中的峰值温度位于不同的区间，从而使焊接接头搅拌区产生不同的微观组织。由此可知，可以通过焊接参数的调节来控制焊接过程中的峰值温度，从而控制搅拌区的微观组织转变过程。

Lakshminarayanan 等人[54]详细对比了 4mm 厚 IF 钢的钨极氩弧焊焊接接头与搅拌摩擦焊接接头的力学性能。与钨极氩弧焊相比，搅拌摩擦焊接接头不但晶粒比较细小，而且力学性能明显较高。

Weinberger 等人[55]在研究 2.6mm 厚马氏体析出硬化钢 15-5PH 在搅拌摩擦焊接过程中焊接接头微观组织转变过程时发现在焊接接头搅拌区的前进侧与顶部存在钨元素，这说明在焊接过程中搅拌工具中的元素可以扩散到焊接接头中。

2.4.2 高碳钢搅拌摩擦焊接研究

高碳钢一般是球形的渗碳体并分布在铁素体基体上，由于其具有较高的强度与一定的韧性，因此得到了广泛的应用。但是利用常规熔焊焊接高碳钢时，焊接接头中会生成呈连续网状分布的先共析碳化物，严重地降低了焊接接头的韧性，同时焊接接头对氢脆冷裂纹十分敏感。因此很多学者尝试采用各种熔焊焊接方法避免焊接过程中出现这些缺陷，但到目前为止都没有取得较理想的效果。由于搅拌摩擦焊接是一种固态的焊接方法，可以避免焊缝凝固过程中产生的各种缺陷，因此有很多学者利用搅拌摩擦焊接技术连接高碳钢，并且取得了理想的效果。

Husain 等人[56]研究了转速对中碳钢（碳含量为 0.13%）搅拌摩擦焊接接头微观组织转变过程的影响。焊接完成后搅拌区由贝氏体与铁素体组成。搅拌区的晶粒由于动态再结晶的作用而发生了细化。同时，搅拌区晶粒的大小随着转速的降低而减小，贝氏体的比例也会增加。当贝氏体比例增加时，焊接接头的抗拉强度也会随之提高。

Khodir 等人[57]利用搅拌摩擦焊接技术成功地焊接了 2mm 厚的 SK4 高碳钢（碳含量为 1.0%）。在焊接过程中通过焊接参数的调节使焊接接头搅拌区位于不同区间，从而产生不同的微观组织，甚至可以使焊接过程中的峰值温度位于 A_1 点以下，从而使焊接接头由细小的铁素体与少量的球形渗碳体组成，这种组织与母材相同，这是传统熔焊无法完成的。同时，作者指出：在搅拌摩擦焊接过程中，搅拌区的温度分布不均匀，与搅拌工具轴肩相邻的区域由于受到的摩擦最强烈，因此温度也最高，而搅拌区的底部由于远离轴肩，因此温度较低。

Sato 等人[58]利用 PCBN 搅拌工具成功地对 2.3mm 厚的高碳钢（碳含量为 1.02%）进行了搅拌摩擦焊接。高碳钢的母材由铁素体与渗碳体组成，搅拌摩擦焊接接头搅拌区的组织转变为马氏体，热影响区的组织还是由铁素体与渗碳体组成。经过焊接后搅拌区的硬度上升到 800HV。虽然作者成功地焊接了高碳钢，但是文中没有研究焊接参数对焊接接头搅拌区微观组织转变的影响规律。

Cui 等人[59]对 0.7%C 高碳钢进行了搅拌摩擦焊接，焊接过程前及焊接后没有任何的预热。作者指出：焊接参数的调节，一方面可以控制焊接过程中的峰值温度，另一方面可以控制焊接过程中的冷却速度，从而可以避免马氏体组织的出现，促使搅拌区产生铁素体组织，提高焊接接头的韧性。

此外 Chung 等人[60]也利用超低的热输入量实现了 1.6mm 厚高碳钢（AISI 1080，碳含量为 0.85%）的搅拌摩擦焊接，焊接过程中同样也是通过焊接参数的调节使焊接过程中的峰值温度位于不同的区间，从而使焊接接头搅拌区产生不同的微观组织。

2.4.3 先进高强搅拌摩擦焊接研究

为了研究搅拌摩擦焊接过程中，焊接接头不同位置的温度变化过程，Kim 等人[61]在焊接 DP590 钢过程中，发现搅拌区前进侧的温度比后退侧的温度略高，整个搅拌区的温度分布并不是均匀的。

Miles 等人[62]在不同的焊接参数下对 DP590、TRIP590、DP980 先进汽车高强钢进行了搅拌摩擦焊接。在焊接 DP590 与 TRIP590 时，可以通过焊接参数的调节使焊接接头具有优异的力学性能，拉伸过程中拉伸试样从母材处断裂。但是当焊接 DP980 时，焊接接头拉伸试样从热影响区断裂，热影响区成为焊接接头的薄弱点。由此可见，随着钢铁材料强度级别的提高，焊接接头的断裂位置也会发生改变。

Ghosh 等人[63]在对 1mm 厚高强马氏体钢 M190 进行搅拌摩擦搭接研究过程中发现：随着焊接行进速度的增加，焊接峰值温度并没有太大变化，但是产热量减少，同时冷却速度却快速增加，这说明焊接过程中的冷却速度主要是受到焊接行进速度的影响。此外，还可以通过外加空气冷却的方法增加焊接过程中的冷却速度，促进低温转变产物的生成。在拉伸过程中，焊接接头都是从热影响区附近位置断裂，这可能是由于热影响区的马氏体组织受热分解产生回火马氏体，强度因此而降低导致的。

2.4.4 低碳微合金钢铁材料搅拌摩擦焊接研究

近年来，低碳微合金钢由于具有较高的强度与韧性而应用在各行各业中，比如油气管线的输送、造船、汽车工业等。但是在使用传统熔焊方法焊接低碳微合金钢时，焊接热影响区会产生粗大的晶粒，进而严重降低了焊接接头的各项性能。因此，有很多学者会利用搅拌摩擦焊接的方法来避免粗大晶粒的产生。

Ozekcin 等人[64]较早地利用 PCBN 搅拌工具对低碳微合金钢铁材料进行了搅拌摩擦焊接研究，并获得了没有任何缺陷的焊接接头。焊接完成后的焊接接头宏观形貌呈典型的"盆型"。搅拌区组织都以马氏体或贝氏体为主。与熔焊相比，所有的焊接接头的热影响区都没有出现晶粒过分粗大的现象；同时，热影响区的软化现象也不太明显，这是由于焊接过程中的峰值温度。由此可见，利用搅拌摩擦焊接技术焊接低碳微合金管线钢可以避免焊接接头中粗大组织的出现。

Santos 等人[65]研究不同焊接参数下 12mm 厚 X80 低碳微合金管线钢搅拌摩擦焊接接头的微观组织转变过程与焊接接头的冲击韧性。焊接过程中采用双面焊接的方法完成 12mm 厚的钢板焊接。当焊接转速为 300r/min 时，搅拌区的组织为比较细小的针状铁素体与 M-A 岛组成，冲击韧性高于母材。这说明利用搅拌摩擦焊接技术不但可以避免粗大组织的出现，还可以获得具有优异冲击韧性的焊接接头。

由于在搅拌摩擦焊接过程中，搅拌区各个位置的变形条件不均匀，所以导致了整个搅拌区微观组织分布也不均匀。在搅拌摩擦焊接低碳微合金钢时，在搅拌区的前进侧生成了由典型板条贝氏体组成的区域，由于该区域的硬度较高，因此也被称为"硬区"。Tribe 等人[66]采用不同的焊接参数对 12.7mm 厚的 X80 进行了搅拌摩擦焊接，并对接头不同位置进行了冲击韧性测试。焊接完成后，整个焊接接头的硬度分布是不均匀的，在搅拌区顶部与前进侧存在"硬区"。冲击测试结果表明：所有焊接接头的冲击韧性都达到了 API 1104 与 DNV-OS-F101 的最低要求。但是前进侧的冲击韧性明显要比后退侧的低。作者认为这是由于前进侧的组织分布不均匀导致的。此外，随着焊接过程中焊接热输入的降低（低转速或高焊接行进速度），焊接接头的冲击韧性值会随之上升。在低焊接热输入量下，焊接接头的冲击韧性值仅仅比母材低 7%。

Aydin 等人[67]研究了不同的焊接热输入量对 X80 低碳微合金钢搅拌摩擦焊接接头中"硬区"力学性能的影响。焊接过程中热输入量越低，贝氏体板条也越细，"硬区"的晶粒也比较细小，硬度也越高，这些都与热输入量呈线性关系。作者将"硬区"单独加工出来进行拉伸试验发现:"硬区"的抗拉强度也是随着热输入量的减少而线性增加。由此可见,搅拌区的微观组织转变与热输入量有直接的关系,通过控制焊接过程中的热输入量可以直接影响搅拌区的微观组织转变过程。

此外,Wei 等人[68]也发现在搅拌摩擦焊接 HSLA-65 时,焊接接头搅拌区的晶粒大小、原奥氏体晶粒大小、焊接接头的力学性能等都与热输入有直接的关系。由于内容有些雷同,因此这里不做详细介绍。此外,作者还研究出了一种新方法来识别焊接接头中贝氏体板条与原奥氏体晶粒的大小,有兴趣的读者可以深入研究下。

Ávila 等人[69]也对 12mm 厚的 X80 低碳微合金管线钢进行了搅拌摩擦焊接,并且分别在 25℃、-15℃、-20℃、-35℃、-40℃下对焊接接头的不同位置进行了冲击韧性测试。为了完成 12mm 厚的钢板焊接,搅拌摩擦焊接采用了双面焊接。焊接完成后,接头中同样存在高硬度区域。冲击测试结果表明:在-20℃以上时,整个焊接接头的冲击韧性都满足要求,但当温度降低时,冲击韧性值会进一步降低。此外,当冲击测试位置位于"硬区"时,冲击韧性值都会出现不同程度的降低,在-40℃时,硬度的冲击韧性值剧烈降低,甚至达不到要求。由此可见,高硬度区域会降低焊接接头的冲击韧性。

Cho 等人[70]研究了搅拌摩擦焊接 API X100 管线钢过程中焊接接头的织构转变过程。作者指出,由于在搅拌摩擦焊接过程中,焊接接头会发生贝氏体相变,因此焊接接头的剪切织构十分弱。此外,由于贝氏体的生成,搅拌区的硬度也明显提高。

Barnes 等人[71]分别使用 PCBN 与 W-Re 合金搅拌工具一次性焊接了6.35mm 厚的 HSLA-65 钢,并且对焊接接头的微观组织进行了对比分析,同时还比较了两种搅拌工具的不同。焊接过程中采用的两种搅拌工具形状如图2-24 所示。由于搅拌摩擦工具材质的不同,在相同的焊接参数下,两种焊接参数的热输入量截然不同。在相同的热输入量情况下,使用 PCBN 搅拌工具的热影响区范围明显较小,作者认为这是由于 PCBN 搅拌工具的热导率较高导致。经过焊接,W-Re 合金搅拌工具的磨损与变形比较严重(见图 2-25),并且在焊接接头中可以发现钨与铼元素,这说明搅拌工具材料在焊接过程中与工件发生了相互扩散。当焊接速度较低时,W-Re 搅拌工具的磨损更严重,这说明焊接过程中的高温对 W-Re 合金搅拌工具的损害比较大。而当使用 PCBN 搅拌工具时，磨损现象并不严重，但是 PCBN 的韧性较差，在开始焊接过程中，搅拌工具十分容易在搅拌针与轴肩交界的位置断裂，这也限制了 PCBN 搅拌工具的使用。

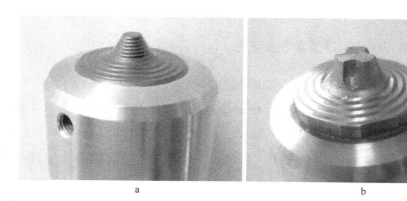

图 2-24　PCBN（a）和 W-Re 合金（b）搅拌工具形状

图 2-25　焊接 1m（a）、2.25m（b）、5.75m（c）后 W-Re 合金搅拌工具形状

Xue 等人[72]首先利用传统的埋弧焊的方法焊接了低碳微合金钢，然后又利用搅拌摩擦焊接技术对焊接接头进行了加工，经过搅拌摩擦加工后，焊接接头的力学性能明显提升。

Ito 等人[73]也利用搅拌摩擦焊接技术对非熔化极惰性气体钨极保护焊（TIG 焊，Tungsten Inert Gas arc Welding）SS400 焊接接头进行了加工，经过搅拌摩擦焊接加工后的焊接接头晶粒细化到了 1~2μm。经过搅拌摩擦焊接加工后，焊接接头的拉伸力学性能并没有太大的改变，但是弯曲强度增加了 40%，同时三点弯曲疲劳性能比之前提高了 170%。

裘荣鹏[74]利用搅拌摩擦焊对低碳微合金高强钢 HSLA-65 进行焊接，并对焊接接头的组织进行了深入的研究。在高转速情况下，在焊接过程中焊接接头的温度分布比较均匀，因此搅拌区的组织比较均匀，硬度值分布也更加稳定。

2.5 不锈钢搅拌摩擦焊接研究

2.5.1 铁素体不锈钢搅拌摩擦焊接研究

Lakshminarayanan 等人[75]分别利用搅拌摩擦焊接与激光焊接（Laser Beam Welding，LBW）两种焊接方法连接 4mm 厚的 AISI409 铁素体不锈钢，并且比较了两种焊接方法的优劣。在该文章中，搅拌摩擦焊接并没有太大的优势，焊接接头的力学性能并不十分突出，且出现了析出物，这可能是由于搅拌摩擦焊接过程中采用的热输入量较大。

Ahn 等人[76]对 3.0mm 厚 409L 铁素体进行的搅拌摩擦焊接研究表明搅拌摩擦焊接在焊接铁素体不锈钢时具有明显的优势。焊接完成后焊接接头的宏观形貌及各区域的金相组织如图 2-26 所示。从图中可知，搅拌区的晶粒十分细小，这说明搅拌区发生了强烈的再结晶。为了评价焊接接头的抗晶间腐蚀性能，焊接接头被放置在硫酸铜与硫酸的混合溶液中，经过腐蚀后，焊接接头各个区的耐腐蚀性几乎没有区别，这说明整个搅拌摩擦焊接接头的耐腐蚀

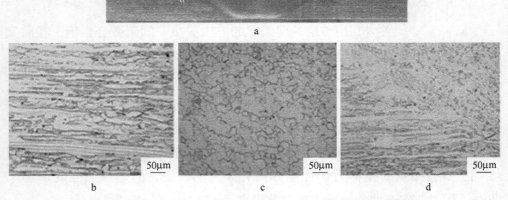

图 2-26　焊接接头宏观形貌（a）、母材（b）、搅拌区（c）、热影响区（d）

性能十分优异。拉伸力学性能测试结果表明：焊接接头的抗拉强度与屈服强度与母材相同，只是伸长率出现了下降，并且在拉伸过程中，焊接接头断裂在母材上。采用搅拌摩擦焊接成功地避免了焊接接头中析出物的产生，这是常规熔焊很难实现的。而在 Lakshminarayanan 等人[75]的文章中，利用搅拌摩擦焊接技术并没有阻止析出物的产生，这很可能是该文章中的焊接参数不恰当导致的。这一方面说明了焊接参数对焊接接头的微观组织转变有重要影响，另一方面也从侧面说明搅拌摩擦焊接的焊接参数调节范围很广。

Lakshminarayanan 等人[77]也研究了搅拌摩擦焊接 409M 焊接接头的耐腐蚀性。试验结果表明，由于搅拌区的晶粒经过搅拌摩擦焊接后变得十分细小，因此其晶间腐蚀敏感性较低，抗腐蚀性能较好；而经过焊接后，热影响区的铬元素会在晶界处减少，从而恶化了耐腐蚀性能，因此热影响区成为了整个焊接接头的薄弱点。

Cho 等人[78]研究了不同的压入深度对 2mm 厚 409 铁素体不锈钢搅拌摩擦焊接接头的影响。焊接过程中搅拌工具压入深度分别为 1.65mm 与 1.57mm。焊接完成后焊接接头搅拌区的晶粒由于再结晶的作用变得十分细小，并且搅拌区含有的小角度晶界明显增多，搅拌区的织构以剪切织构为主。随着搅拌工具压入深度的增加，搅拌摩擦焊接过程中的热输入量及变形量都增加，这一方面减小了晶粒的尺寸，另一方面增加了搅拌区的硬度与小角度晶界的比例。在拉伸试验过程中，焊接接头的横向拉伸试样从母材处断裂，焊接接头的力学性能很优异。

Bilgin 等人[79]研究了焊接参数对 AISI430 铁素体不锈钢搅拌摩擦焊接接头微观组织及力学性能的影响。焊接过程中作者分别研究了焊接转速与焊接行进速度对焊接接头力学性能的影响。

此外，Han 等人[80,81]也对 5.4mm 厚的 18Cr-2Mo 铁素体不锈钢进行了搅拌摩擦焊接研究。作者发现搅拌区的小角度晶界增多，并且晶粒十分细小，焊接接头的力学性能与母材相同。由于文章研究的内容与之前的研究有所雷同，因此这里就不做详细介绍了。

搅拌摩擦焊接技术除了可以焊接常规不锈钢外，还可以焊接特殊用途的不锈钢。纳米铁素体不锈钢是新一代的核设备材料，但是采用传统熔焊焊接这种材料时会破坏母材特有的组织。Mazumder 等人[82]利用搅拌摩擦焊接技术连接了 14YWT 纳米铁素体不锈钢。为了让材料处于一种稳定的状态，焊接后又对焊接接头进行了热处理。搅拌摩擦焊接完成后的焊接接头经过热处理工艺后，钛钇氧纳米团簇（titanium-yttrium-oxygen-enriched nanoclusters，NCs）的数量明显增多，这是由于搅拌摩擦焊接过程中在基体中引入了较多的位错，位错聚集的位置成为了 NCs 的形核点。这时，虽然焊接接头中晶粒只是稍微变大，但焊接接头的各项性能比熔焊接头要好很多。

2.5.2 奥氏体不锈钢搅拌摩擦焊接研究

Park 等人[83]在搅拌摩擦焊接 6mm 厚的 304 奥氏体不锈钢时发现，sigma 相会在搅拌区前进侧快速形成，并形成一条富集 sigma 相的条带状组织，分布的形式与铝镁搅拌摩擦焊接接头中的"洋葱环"类似。在正常的情况下，从奥氏体中析出 sigma 相需要在 773~1073K 温度区间保持 72h，但在实验过程中，焊接接头仅仅在这个温度区间停留了约 30s。因此，sigma 相的产生与搅拌摩擦焊接过程中特殊的变形条件有关系。在搅拌摩擦焊接过程中如果温度较高，奥氏体会向铁素体转化。在冷却过程中，铁素体会快速分解为 sigma 相与二次奥氏体，搅拌摩擦焊接过程中的强塑性变形与强烈的再结晶也会促进铁素体向 sigma 相与二次奥氏体的转化。因此，经过搅拌摩擦焊接后，搅拌区会有 sigma 相产生。由于搅拌区前进侧的温度较高，焊接过程中更容易产生铁素体，同时前进侧的变形更强烈，再结晶过程也比较强烈。因此，在焊接奥氏体不锈钢时，sigma 相会在搅拌区的前进侧快速形成。

此外，Park 等人[84]还对搅拌摩擦焊接与钨极气体保护焊 304 奥氏体不锈钢焊接接头的耐腐蚀性分别进行了评价。研究发现，当搅拌摩擦焊接接头搅拌区前进侧生成了 sigma 相之后，晶界处的 Cr 元素含量会大大减少，从而导致前进侧的耐腐蚀性出现严重下降，搅拌区其他位置因为没有 sigma 相的产生，耐腐蚀性能十分优异。此外，由于在搅拌摩擦焊接过程中，工件的高温停留时间短，因此热影响区的耐腐蚀性能并没有出现严重下降。但是采用钨极气体保护焊时，焊接接头热影响区组织的耐腐蚀性能会出现严重的下降。

Chen 等人[85]在对 316L 奥氏体不锈钢进行搅拌摩擦加工研究时也在搅拌区发现了含有 sigma 相的条带状组织。在搅拌摩擦焊接过程中，由于搅拌区的上部分与前进侧受到的摩擦最剧烈，温度也最高，因此 sigma 相会在这两个区域生成。虽然在搅拌区生成了大量的 sigma 相，但是经过搅拌摩擦加工，搅拌区的晶粒由于再结晶的作用而细化。拉伸实验结果表明：焊接接头的力学性能与母材几乎相同，在拉伸过程中，断裂发生在母材处。由此可见，sigma 相主要对搅拌区的耐腐蚀性能有重要影响，对力学性能的影响并不大。

Kokawa 等人[86]分别焊接了 2mm 厚与 6mm 厚的 304 奥氏体不锈钢。焊接完成后，2mm 厚的搅拌摩擦焊接接头搅拌区发现了 δ-铁素体，但是并没有发现 sigma 相。6mm 厚的搅拌摩擦焊接接头搅拌区发现了 δ-铁素体，同时也发现了 sigma 相。作者认为，焊接 2mm 厚的钢板时，焊接过程中的冷却速度要比焊接 6mm 厚的钢板快很多，在较快的冷却速度下，搅拌区的 δ-铁素体没有时间分解便冷却下来，而焊接 6mm 厚的钢板时，由于冷却速度较慢，δ-铁素体有充足的时间分解为 sigma 相与二次奥氏体。

Wang 等人[87]在对 2mm 厚的 Fe－Cr－Mn－Mo－N 高氮奥氏体不锈钢进行搅拌摩擦焊接时也发现了焊接接头搅拌区中还存在有 δ-铁素体的条带状组织。在焊接过程中，当搅拌区的温度超过奥氏体—δ-铁素体相变点时便会有 δ-铁素体产生，在较快的冷却速度下，δ-铁素体会保留下来而不会分解。此外，经过搅拌摩擦焊接后，搅拌区的晶粒由于再结晶的作用而发生极大的细化，在拉伸过程中，焊接接头横向拉伸试样从母材位置断裂。

Hanjian 等人[88]研究 316L 奥氏体不锈钢的搅拌摩擦焊接接头微观组织转变过程及焊接接头的力学性能。焊接过程中采用的热输入量较低，转速分别采用 200r/min 与 315r/min，焊接行进速度固定为 63mm/min。当焊接转速为 200r/min 时，搅拌区的晶粒细化到了 0.8~2.2μm。这时，焊接接头的峰值温度位于奥氏体—δ-铁素体转变温度以下，焊接完成后，焊接接头全部为奥氏体状态，没有 δ-铁素体与 sigma 相产生。

Miyano 等人[89]对 2mm 厚的高氮奥氏体不锈钢进行了搅拌摩擦焊接研究。通过焊接参数的调节，既可以细化焊接接头的晶粒，又可以避免有害相的析出，从而可以使焊接接头获得最佳的力学性能。

由于在搅拌摩擦焊接过程中，焊接接头搅拌区要经历强烈的塑性变形并伴随着强烈的再结晶，搅拌区的晶粒也会因此而细化。Puli 等人[90]采用搅拌摩擦加工技术加工了 316L 奥氏体不锈钢的表面，使材料表面的晶粒十分细小。Mehranfar 等人[91]也利用搅拌摩擦加工技术细化了超级奥氏体不锈钢表面的晶粒。焊接之前工件要经过预热，然后再进行搅拌摩擦焊接加工，加工过程中搅拌工具的转速为 2600r/min，搅拌工具加工速度为 30mm/min。经过加工后，在材料表面生成了 91μm 厚的纳米层。经过测量，纳米层中晶粒的大小为 50~90nm。此外，采用搅拌摩擦加工技术不但可以极大地细化晶粒，而且还可以将焊接过程中产生的 sigma 相细化，使其晶粒尺寸也达到纳米级。

Mironov 等人[92]揭示了超级奥氏体不锈钢搅拌摩擦焊接过程中焊接接头搅拌区的织构演变过程。在冷却过程中，搅拌区的组织发生了不连续的动态再结晶，最终生成 {111} <uvw> 与 {hkl} <110> 平行于剪切方向的剪切丝织构。

由于在搅拌摩擦焊接过程中，前进侧与后退侧、搅拌区的上部分与下部分的变形条件都是不同的，这也导致了不同区域的组织有明显的差异。Du 等人[93]在研究 3mm 厚 Fe-18Cr-16Mn-2Mo-0.85N 奥氏体不锈钢的搅拌摩擦焊接过程时发现，搅拌区不同位置的微观组织及力学性能存在差异，同时，搅拌区的组织与力学性能与母材不匹配。经过焊接后热处理，搅拌区与母材的组织与力学性能更加接近，力学性能更加匹配。

2.5.3 双相不锈钢的搅拌摩擦焊接研究

双相不锈钢中同时含有铁素体相与奥氏体相，当两相的含量相同时，双相不锈钢的抗应力腐蚀性能要优于奥氏体不锈钢，同时，双相不锈钢的强度也比较高。由于双相不锈钢管具有以上的优点，在油气管线建设、石油化工业、造纸业等行业被广泛应用。虽然双相不锈钢的焊接性较好，但当采用传统熔焊焊接双相不锈钢时会破坏两相的比例，从而恶化双相钢的低温韧性与耐腐蚀性。此外，采用传统熔焊过程时，晶粒的粗化也是十分严重的问题。因此，很多学者希望采用搅拌摩擦焊接技术来克服普通熔焊双相不锈钢过程中出现的难题，进而获得性能优异的双相不锈钢焊接接头。

Sato 等人[94]研究了 4mm 厚的 2507 超级双相不锈钢搅拌摩擦焊接接头的微观组织转变过程及焊接接头的力学性能。经过搅拌摩擦焊接后，搅拌区的岛状奥氏体明显变小，尤其是靠近热机械影响区的前进侧，奥氏体晶粒大小仅为 2.2μm。

Esmailzadeh 等人[95]研究了搅拌摩擦焊接过程中不同焊接行进速度对

1.5mm 厚双相不锈钢焊接接头微观组织转变过程及力学性能的影响。伴随着焊接速度的提高，搅拌区的晶粒逐渐变细小，这可能是由于在高焊接行进速度下，焊接接头的温度较低，晶粒长大受到抑制导致的。同时，焊接接头搅拌区的硬度也有所上升，且在高焊接行进速度下，硬度上升的也越高。拉伸过程中焊接接头的拉伸试样从母材处断裂。由此可见，利用搅拌摩擦焊接技术焊接的双相不锈钢力学性能十分优异。

Saeida 等人[96]利用 EBSD 技术对双相钢搅拌摩擦焊接接头的微观组织进行了分析。双相不锈钢母材中含有大量的孪晶，而经过焊接后，搅拌区的晶粒变得十分细小，同时孪晶数量明显变少；热机械影响区的晶粒变形十分明显，而且几乎没有孪晶的出现。一般认为孪晶的产生是由于再结晶的作用，因此，搅拌区发生了再结晶，而热机械影响区的组织几乎没有发生再结晶。热机械影响区中的铁素体小角度晶界明显较多，而搅拌区的铁素体含有的大角度晶界较多，这可能是由于搅拌区的铁素体发生再结晶比较充分，小角度晶界都转化为了大角度晶界导致的。由于热机械影响区几乎没有发生再结晶，因此出现了较多的小角度晶界。此外，搅拌区中的铁素体与奥氏体都存在强烈的剪切织构，奥氏体相中也发现了一些立方织构，这说明铁素体以连续动态再结晶为主，而奥氏体也发生连续动态再结晶，同时也发生了静态再结晶。

Sarlak 等人[97]对双相不锈钢搅拌摩擦焊接接头的耐腐蚀性能进行了评价。作者发现在固定的转速下，搅拌区的晶粒随着焊接行进速度的提高而减小。当搅拌区的晶粒减小时，搅拌区的耐腐蚀性能也会随之提高。

2.6 钢铁材料搅拌摩擦焊接小结

根据以上钢铁材料搅拌摩擦点焊的实验研究结果可以总结出以下观点：

（1）利用搅拌摩擦焊接不锈钢后，搅拌区的晶粒往往比母材要细小很多。研究表明：随着焊接行进速度的提高，焊接过程中的热输入量减少，同时焊接过程中的峰值温度也随之降低，焊接接头在高温停留时间缩短，搅拌区的晶粒来不及长大，因此搅拌区的晶粒会随着焊接行进速度的提高而降低。

（2）焊接过程中焊接转速对搅拌区晶粒的大小影响比较复杂。在高转速情况下，焊接过程中的峰值温度提高，搅拌区的金属材料很容易在高温下长大。因此，采用较低的焊接转速有利于细化搅拌区的晶粒。同时，在高转速情况下，搅拌工具会向基体中引入更多的变形，强烈促进材料的再结晶，进而实现晶粒的细化。根据报道，不锈钢很多非常细小甚至纳米级别的晶粒是在高转速下得到的。

（3）在焊接奥氏体不锈钢时，当焊接过程中的温度超过奥氏体-铁素体相变点时便会有 δ-铁素体的产生。在高冷却速度下，δ-铁素体因为来不及分解而保留下来；在低冷却速度下，δ-铁素体会快速分解成 sigma 相与二次奥氏体。实验结果证明：sigma 相可能对焊接接头的力学性能影响不大，但是却可以十分严重地恶化焊接接头的耐腐蚀性能。在焊接过程中采用极低的热输入量可以使焊接过程中的峰值温度不超过奥氏体-铁素体相变点，这样就可以避免 δ-铁素体的产生，从而避免 sigma 相的产生。

（4）经过搅拌摩擦焊接后，搅拌区的晶粒都变得比较细小。因此搅拌区的硬度、屈服强度与抗拉强度会提高，但是伸长率一般会降低。此外，如果搅拌区没有产生 sigma 相等析出相，搅拌区的耐腐蚀性能一般都会得到提高。

（5）不锈钢在经过搅拌摩擦焊接后，搅拌区的织构以剪切织构为主。

（6）由于在搅拌摩擦焊接过程中，搅拌区前进侧组织受到的塑性变形更强烈，前进侧组织发生的再结晶也更强烈，所以，焊接完成后前进侧的晶粒一般也更细小。因此，整个搅拌区晶粒大小的分布及组织转变过程都是不均匀的，而焊后热处理可以减弱这种不均匀分布性。

3 先进高强钢 DP780 的搅拌摩擦点焊研究

随着中国经济的持续发展，中国的汽车产量保持了稳定的增长。根据中国汽车工业协会统计分析，2013 年，汽车产销量双双超过 2000 万辆，增长速度高于年初预计，并刷新全球纪录，已连续五年蝉联全球第一[98]。随着汽车拥有量的增加，三个社会问题随之而来：能耗、排放与安全。汽车在给人们的生活带来便利的同时，也带了环境污染、交通拥挤与交通安全等问题。因此，开发排放少、油耗低的环境友好型汽车成为了将来的发展趋势。实验证明，若汽车整体质量降低 10%，燃油效率可以提高 6%～8%；汽车整车质量每减少 100kg，百公里油耗可降低 0.3～0.6L。当前，由于环保和节能的双重需要，汽车的轻量化已经成为了汽车发展的潮流。当前，汽车轻量化的主要方法是在保证安全的前提下尽可能多地采用轻质材料[99]。早期，大部分汽车冲压件很多采用普通的低碳钢。为减轻车重，人们开发了低合金高强度钢（HSLA），但低合金高强度钢塑性低、冲压成型困难，无法达到汽车工业对钢材性能的要求。先进高强钢板（AHSS）可在抗拉强度大幅度增加的同时大幅度地减小钢板的厚度，同时，抵抗撞击的能力及撞击时吸收的能量基本不变[100]。因此，汽车用高强钢已成为十分具有潜力的汽车轻量化材料之一，并且已近大规模地应用在汽车的生产中。在实际的车体制造方面，高强钢的应用范围在不断地扩大。国内外的很多大学院校、科研机构也在不断地探索高强钢的强化机理及开发新的钢种。国际钢铁协会将高强钢分为传统高强钢与先进高强钢[101]。目前，高强钢的焊接方法很多，包括激光焊接、搅拌摩擦焊、电阻点焊、闪光对焊、MAG 焊、TIG 焊等。其中，电阻点焊是具有生产效率高、易实现自动化等优点成为应用最广泛的焊接技术之一。目前平均每辆汽车上包含 3000～5000 个焊点。但是由于先进高强钢（AHSS）碳当量高，焊接过程中冷却快，淬硬倾向严重，若电阻点焊工艺不当就非常容易穿线淬硬组织，从而使电阻点焊接头存在十分大的内应力，在使用时容易产生界面断裂。另外，由于高强钢的强度高，点焊时需要施加较大的电极压力，造成电阻点焊的电极磨损十分严重并容易产生飞溅，加上钢板表层的镀锌层与电极反应使电极污染，造成了电阻点焊中电极寿命缩短严重。同时，电阻点焊过程中锌的蒸发，使焊接接头生成气孔的倾向增加。因此，高强钢的电阻点焊工艺窗口很窄，随着汽车高强钢强度的不断提高与合金成分的复杂性不断增加，电阻点焊越来越不适应汽车工业中高强钢的点焊要求[102]。

为此，东北大学轧制技术及连轧自动化国家重点实验室（RAL）采用搅拌摩擦点焊的方法焊接了先进汽车高强钢 DP780。本章对搅拌摩擦点焊焊接接头微观组织转变及力学性能进行了详细的论述及研究。

3.1 实验材料与工艺

双相钢（Daul Phase）通常是指低碳钢或低碳合金钢通过控制轧制工艺或经过临界区热处理而得到的铁素体+少量马氏体（通常体积分数小于 20%）组成的高强钢，也称为马氏体双相钢。铁素体与较硬的马氏体同时存在，使 DP 钢的强度与韧性得到良好的协调。与普通的微合金钢与低合金高强度钢相比，在同等强度级别情况下，双相钢有较低的屈服强度，屈强比可以达到 0.5，甚至更低，并且没有物理屈服点与屈服延伸区，这对于冲压成型是极其有利的。同时，双相钢还具有较高的加工硬化值、良好的烘烤硬化性、优异的焊接性能等。本实验中 DP780 由鞍山钢铁集团公司生产，板厚 1.5mm。其显微组织如图 3-1 所示。可以清晰地看出在铁素体基体上分布着纤维状的马

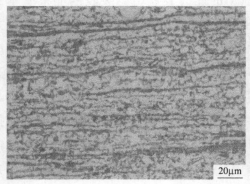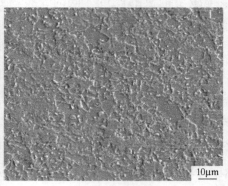

图 3-1 高强钢 DP780 显微组织

a—光学显微组织；b—电子扫描组织（SEM）

氏体。

DP780 的具体合金成分与力学性能如表 3-1 与表 3-2 所示。

表 3-1　高强钢 DP780 的化学元素成分　　　　　　　　　　（％）

C	Si	Mn	Cr	Fe
0.14~0.17	0.25~0.45	1.7~1.9	0.55~0.65	余量

表 3-2　高强钢 DP780 的力学性能

屈服强度/MPa		抗拉强度/MPa		伸长率/%	
最小	最大	最小	最大	最小	最大
470	500	830	850	17	20

实验采用的焊接设备为北京赛福斯特公司研制的数控静龙门搅拌摩擦焊机，如图 3-2 所示。焊机的工作台面规格为 800mm×700mm；操作过程中工作台的移动速度可在 0~3000mm/min 之间变化；焊机 Z 轴移动速度可在 0~1500mm/min 之间变化；主轴转速可在 100~2000r/min 之间变化；焊机最大顶锻力为 60kN。在焊接过程中，搅拌头位置放置热电偶，用于测量焊接过程中搅拌头的温度变化。热电偶的放置位置如图 3-3 所示。

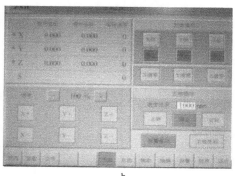

　　　　　a　　　　　　　　　　　　　　　　b

图 3-2　搅拌摩擦焊接设备（a）和控制面板（b）

焊接过程中使用的搅拌头材料为钨（75%）铼（25%）合金，搅拌头针长为 1.8mm，轴肩直径为 10mm，搅拌头形状如图 3-4 所示。

根据 GB2651—89《焊接接头拉伸实验方法》的规定，标准点焊拉剪试样尺寸为 100mm×25mm。在焊接之前用丙酮清洗工件上的污垢，保持工件的清洁。点焊搭接接头的具体形式及金相实验的取样位置如图 3-5 所示。

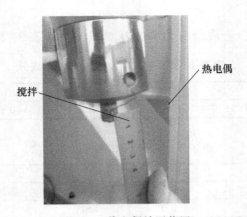

图 3-3 热电偶放置位置

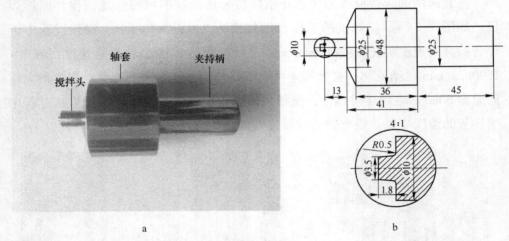

a   b

图 3-4 搅拌头形状（a）和搅拌头轮廓图（b）

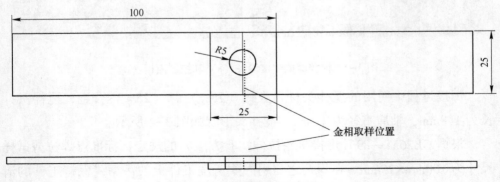

图 3-5 拉伸实验示意图

剪切拉伸实验在型号为 WDW-300 的拉伸试验机上进行，设备如图 3-6a 所示。拉伸过程中的拉伸实验应变速率为 1mm/min。在进行拉伸实验时，夹头处添加与板厚相同的四方形垫片，以免拉伸过程中钢板叠加产生附加力矩而影响实验结果，其具体形式如图 3-6b 所示。

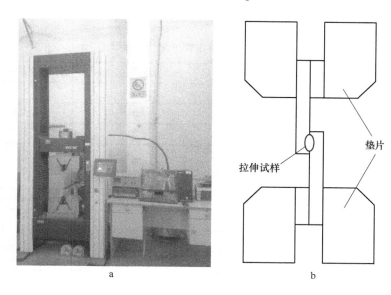

图 3-6 WDW-300 拉伸试验机（a）和拉伸实验示意图（b）

在焊接取样完成后用自动热镶样机进行镶嵌，然后用不同型号的砂纸进行研磨，之后进行抛光，最后进行腐蚀。腐蚀剂为 4% 硝酸酒精溶液，腐蚀时间为 6s 左右。采用 Leica DMIRM 光学显微镜观察其金相组织。在日本 FUTURE-TECH 公司生产的 FM-700 型号的显微硬度计上进行硬度测试，测试过程中施加的压力为 2N，加压时间为 10s。在焊接试样的上板 1/2 处与下板 1/2 处沿着与板平行的位置进行硬度测试，每个点之间相隔 0.25mm。硬度测试的示意图如图 3-7 所示。

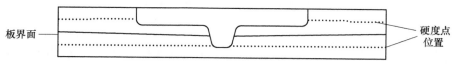

图 3-7 点焊接头显微硬度测试示意图

3.2 DP780 搅拌摩擦点焊接头组织性能研究

FSSW 焊接过程中的焊接参数有搅拌头转动速度（ω）、压入深度（h）、压入速度和停留时间等。在 DP780 的点焊过程中根据转速与轴肩压入深度的不同焊接参数分为两组，具体焊接参数如表 3-3 与表 3-4 所示。

表 3-3 DP780 的第一组焊接参数

转速/r·min^{-1}	轴肩压入深度/mm	压入速度/mm·min^{-1}	停留时间/s
1500	0.7	20	4
1000	0.7	20	4
500	0.7	20	4

表 3-4 DP780 的第二组焊接参数

转速/r·min^{-1}	轴肩压入深度/mm	压入速度/mm·min^{-1}	停留时间/s
1000	0.7	20	4
1000	0.5	20	4
1000	0.3	20	4

焊接完成后焊接接头典型照片如图 3-8 所示。

图 3-8 焊接接头典型照片

第一组焊接参数中转速为 1000r/min 时的焊接接头横断面轮廓图如图 3-9 所示。从图中看出，在焊接完成搅拌针退出后，在工件上留下一个典型的退出孔。在焊接接头的上部，有金属在搅拌头的压入过程中被挤出工件，在工件表面留下了"飞边"。根据焊接接头的组织分布，焊接接头可分为 5 个部分：焊核区（stir zone，SZ）、焊接热机械影响区（thermo-mechanically affected zone，TMAZ）、焊接热影响区（heat affected zone，HAZ）、焊接热影响临界区（heat affected inter-critical region，HAZIC）与母材（base metal，BM），具体分布如图 3-9 所示。

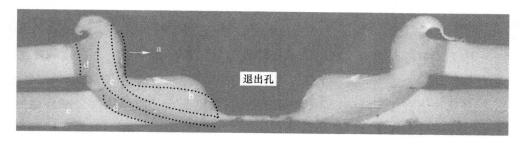

图 3-9 焊接接头各部分示意图

a—焊核区；b—焊接热机械影响区；c—焊接热影响区；d—热影响临界区；e—母材

焊接接头的分区与焊接过程中经历的热循环与变形有直接关系。焊核区在焊接过程中受到搅拌头的作用而"搅动"起来，产生了异常强烈的塑性变形，焊接过程中的动态再结晶异常强烈，焊接完成后组织为非常细小的再结晶晶粒；焊接热机械影响区在焊接过程中受到了一定的塑性变形，焊接过程中的动态再结晶使晶粒细化；焊接热影响区在焊接过程中没有受到塑性变形，焊接过程中只受到了热循环的作用；焊接热影响临界区在热影响区外侧，焊接过程中也没有塑性变形，同时焊接过程中的温度峰值较低。

3.2.1 转速对焊接接头组织转变的影响

焊接接头的组织与焊接接头在焊接过程中经历的热循环有直接的关系，搅拌摩擦点焊过程中的热量主要是通过搅拌头与工件之间的摩擦产生。搅拌摩擦点焊焊接过程中的生成热主要发生在 3 个阶段：搅拌针旋转插入阶段、轴肩插入阶段、焊接停留阶段。以第一组焊接参数为例说明在其他焊接参数相同的条件下，焊接转速对焊接接头组织转变的影响。

在焊接过程中转速不同会使焊接过程中的热循环有很大差别，式（3-1）描述了搅拌摩擦焊接不同的焊接条件与温度变化关系[29]。

$$\Delta T \propto \frac{\mu P \omega}{K} \qquad\qquad (3-1)$$

式中　ΔT——温度升高值；

　　　μ——摩擦系数；

　　　P——压力；

　　　ω——转速；

　　　K——常数。

从上式中可以看出，如果其他条件在焊接过程中都不变，焊接过程中温度升高值与转速呈正比线性关系。但是在实际的焊接过程中，温度的升高会导致金属软化，金属软化后不但使摩擦系数发生改变，而且温度升高还会导致金属变形抗力减小，焊接过程中压力随之减小。因此实际焊接过程中温度的升高与转速并不呈线性关系，而是呈非常复杂的非线性关系，并会受焊接条件影响。图 3-10 为热电偶测得焊接过程中不同转速焊接过程中温度随时间的变化过程。从图中看出，焊接转速为 500r/min 的焊接参数在焊接过程中得到的峰值温度为 749℃；转速为 1000r/min 的焊接参数在焊接过程中得到的峰值温度为 916℃；转速为 1500r/min 的焊接参数得到的峰值温度为 1023℃。由此可见，焊接过程中的温度随着转速的提高而提高，但是两者并不是线性关系。由于热电偶的放置位置距离轴肩大约 4mm，因此，热电偶所测得的温度并不是焊接中的最高温度，实际焊接过程中峰值温度要大于所测得的温度。

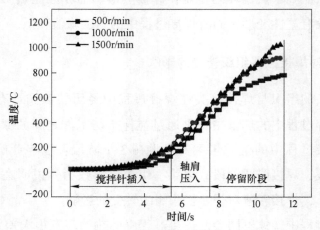

图 3-10　温度随时间变化

从图 3-10 中可以看出，在其他条件一定的情况下，转速决定着焊接过程中的温度。图 3-11 为第一组焊接参数下的焊接接头横断面轮廓图。从此轮廓图中可以看到 1500r/min 焊接接头轴肩压入深度最大；500r/min 焊接接头轴肩压入深度最小；1000r/min 焊接接头轴肩压入深度介于两者之间。程序设置压入量相同，而最后从轮廓中观察到压入量有明显不同的原因是钢铁材料有热膨胀现象。随着温度提高，材料热膨胀现象越来越严重，由此导致焊接过程中轴肩压入量增大现象。焊接过程中转速为 1500r/min 焊接接头得到的温度最高，热膨胀现象最严重，最后导致了轴肩压入量明显比预设定轴肩压入量大。

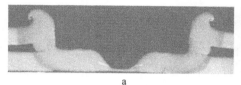

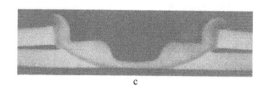

图 3-11　不同转速下的焊接接头横断面

a—1500r/min；b—1000r/min；c—500r/min

3.2.1.1　转速对焊核区组织转变的影响

图 3-12 为不同焊接转速时的焊接接头焊核区 SEM 组织。从图中可以看到，与退出孔相邻的区域晶粒十分细小。在轴肩压入工件后，焊接接头的温度快速上升，从而导致了工件的高温软化。与搅拌工具接触的金属由于受到了搅拌工具的摩擦力而随着搅拌工具的转动而搅动起来，产生异常强烈的塑性变形。焊接完成后，靠近退出孔位置的组织是非常细小的再结晶。由此可见，搅拌摩擦点焊因其独特的焊接方式而可以细化晶粒。

3.2.1.2　焊接转速对热机械影响区的影响

图 3-13 为 500r/min 与 1500r/min 时焊接接头焊核区与部分热机械影响区 EBSD 结果，其中粗实线表示小角度晶界，细实线表示大角度晶界。

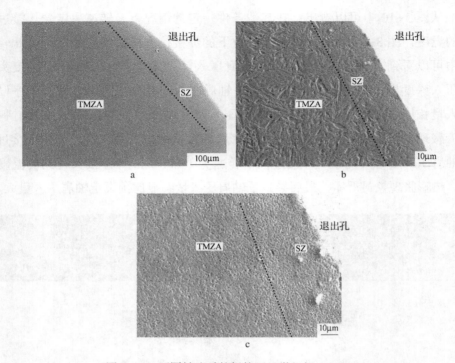

图 3-12 不同转速时的焊核区显微组织（SEM）

a—1500r/min；b—1000r/min；c—500r/min

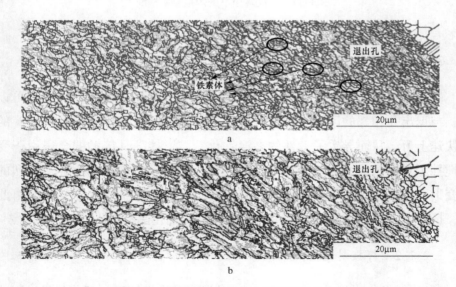

图 3-13 焊核区 EBSD 大、小角度晶界分布结果

a—500r/min；b—1500r/min

从图 3-13 与表 3-5 中可以看出，1500r/min 焊接接头焊核区的小晶粒更多，同时 1500r/min 焊接接头焊核区小取向差（2°~15°）所占比例为 70.9%，明显高于 500r/min 的 59.5%。从图 3-13a 中可以看到，500r/min 焊接接头靠近退出孔的位置有部分晶粒内部没有亚晶界，不是板条马氏体组织特征。图 3-14 为 500r/min 焊接接头靠近退出孔的 TEM 组织，从图中可以看到该区域出现了铁素体。因此，可以确定 500r/min 焊接接头靠近退出孔位置、内部无亚晶的晶粒为铁素体。由于该区域铁素体的存在导致了 500r/min 焊接接头小角度晶界相对较少。该区域中铁素体的来源有两种可能：一种是原组织中的铁素体在焊接过程中没有转化为奥氏体，最终保留下来；另一种是在焊接后奥氏体转变产生的先共析铁素体。如果该区域的铁素体是原组织中未转变保存下来的铁素体，那么导致该区域铁素体能存在的原因是温度低，没有使组织完全奥氏体化。焊接接头实际温度分布是由焊核区到母材依次降低，那么铁素体数量应是从焊核区向母材依次递增。而从图 3-14 中看到只在靠近退出孔的位置观察到了铁素体，而远离退出孔的区域未发现铁素体。因此该区域的铁素体为奥氏体转变的先共析铁素体。从图 3-14 可以看出，先共析铁素体在靠近退出孔的焊核区域成排出现，与退出孔平行。该区域强烈的动态再结晶使靠近退出孔位置的晶粒非常细小。变形不但导致再结晶使晶粒细化，而且会影响相变点。奥氏体在未再结晶区变形后造成组织畸变能增加，使 A_{r3} 温度升高，从而可以促进先共析铁素体的产生。通常把这种情况造成的影响称为形变诱导相变。可见未结晶奥氏体区的变形促进了先共析铁素体生成。因为只有退出孔附近有异常强烈的塑性变形，所以只有退出孔附近有先共析铁素体的生成，而远离退出孔的区域并没有因为形变而生成先共析铁素体[103]。

表 3-5 焊接接头焊核区大小角度晶界分布

项 目	最小值	最大值	分布比例/%	
			1500r/min	500r/min
小角度晶界	2°	15°	70.9	59.5
大角度晶界	15°	180°	29.1	40.5

图 3-15 为 500r/min 焊接接头热机械影响区电子探针分析结果，从图中可以看到该区域的碳元素分布极不均匀。造成这种现象的原因有两个：一是

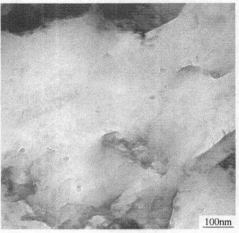

图 3-14 500r/min 靠近退出孔处 TEM

在焊接冷却过程中，由于先共析铁素体的生成需要将碳排出，从而导致了先共析铁素体周围碳元素的升高；二是由于母材 DP780 是由马氏体与铁素体组成的双相组织，碳元素集中分布在马氏体中，而在铁素体中的分布极少，因此母材碳元素的分布极不均匀也为碳元素的集中分布创造了条件。

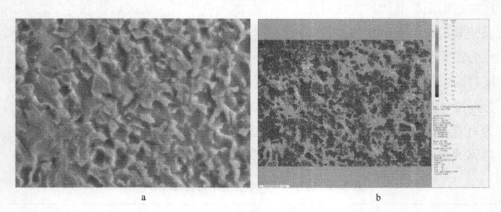

a   b

图 3-15 500r/min 焊核区电子探针分析结果

a—SEM；b—碳元素分布

焊接热机械影响区在焊接过程中经历变形十分强烈，焊接中温度较高。图 3-16 为不同转速焊接接头的焊接热机械影响区的 SEM。从图中可以看到 500r/min 的晶粒最细小，1500r/min 与 1000r/min 的晶粒较粗大。这是因为在转速高的情况下，焊接接头在焊接过程中高温停留时间最长，奥氏体晶粒长大最严重，使冷却后的马氏体板条最粗大。因此，转速为 500r/min 的焊接接头在焊接过程中高温停留时间最短，奥氏体长大现象最弱，焊接完成后焊接接头的晶粒最细小。由于 1500r/min 焊接接头热机械影响区的塑性变形较大，动态再结晶较强烈，因此 1000r/min 与 1500r/min 时的晶粒大小差别不大。

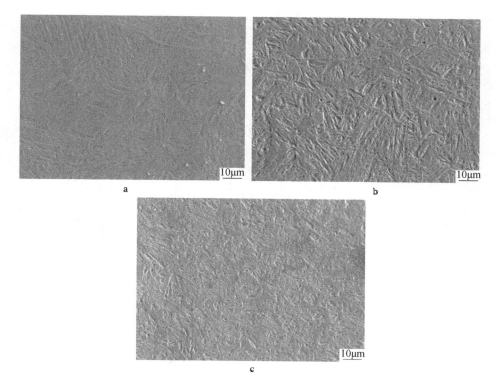

图 3-16　焊接热机械影响区 SEM

a—500r/min；b—1000r/min；c—1500r/min

图 3-17 为 1000r/min 焊接接头焊接热机械影响区 TEM 组织。在透射电镜组织观察中，绝大部分的组织如图 3-17a 所示，为非常明显的板条马氏体组织。极少数组织如图 3-17b 所示，从照片上看到在基体上分布着长棱形的析出物，经能谱的确定，析出物为 Fe_3C，能谱结果如图 3-18 所示。因此可以断定：一部分马氏体组织在焊接完成后的冷却过程中发生了自回火，而大部分马氏体组织没有发生自回火。

马氏体发生自回火与冷却速度和 M_s 点有很大关系。在焊接冷却过程中，相同位置冷却条件相同，因此，只有少数马氏体发生了自回火的原因与基体

不同部位 M_s 点不同有关。母材 DP780 为铁素体与马氏体的混合组织，在原组织中马氏体碳含量高，铁素体碳含量低。加热到 A_{c3} 点以后，组织完全奥氏体化，碳元素由碳浓度高的区域（原马氏体组织）向碳浓度低的区域扩散（原铁素体组织），但由于焊接过程中的时间短暂，而碳扩散到平衡浓度需要

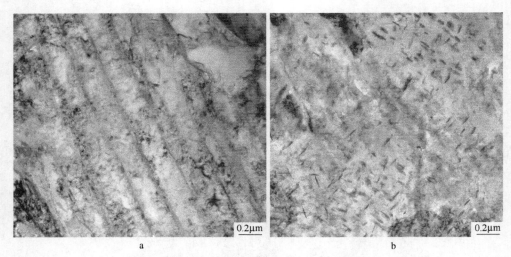

图 3-17 焊接热机械影响区 TEM 组织

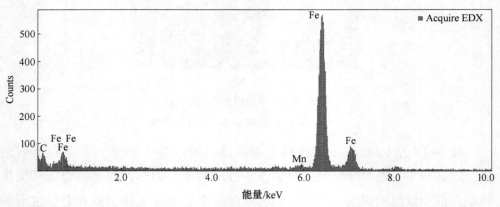

元　素	质量分数/%	原子分数/%
C（K）	6.51	24.46
Mn（K）	0.39	0.32
Fe（K）	93.09	75.21

图 3-18 析出物能谱及成分

很长的时间，这导致了焊接冷却后不同位置马氏体碳含量不同。原组织为马氏体组织的区域生成的马氏体碳含量高，M_s 点较低；原组织为铁素体组织的区域生成的马氏体碳含量低，M_s 点较高。M_s 点越高，马氏体发生自回火越容易。因此，只有少数原铁素体组织生成的马氏体在随后冷却过程中满足自回火条件发生了自回火，而大部分马氏体组织没有发生自回火[104~106]。

3.2.1.3 转速对热影响区组织的影响

在焊接时，在压入量相同的条件下，转速越高，焊接过程中得到的峰值温度越高。焊接热循环的不同也必然导致焊接接头组织的不同。图 3-19 分别为焊接转速为 1500r/min、1000r/min 与 500r/min 焊接接头焊接热影响区 SEM 组织。从图 3-19 中可以清楚地看到，不同转速焊接接头热影响区最后得到组织以板条马氏体为主，同时有少量贝氏体存在。这表明三个焊接转速在焊接

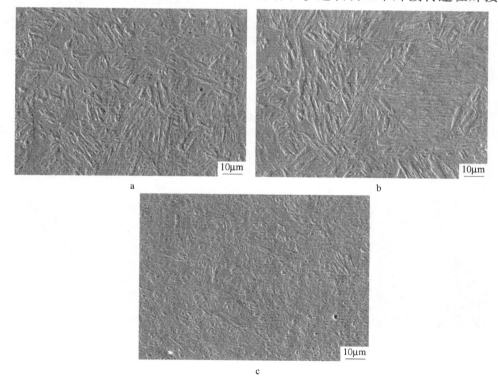

图 3-19 焊接热影响区扫描组织

a—1500r/min；b—1000r/min；c—500r/min；

过程中焊接热影响区最高温度都超过了 A_{c3} 点，在焊接接头冷却后焊接热影响区组织转变为板条马氏体，有少量组织转变为贝氏体。在焊接过程中，转速为 1500r/min 的焊接参数在焊接过程中的峰值温度比其他两个转速的峰值温度高，并在 A_{c3} 点以上停留时间长，在 A_{c3} 点以上奥氏体晶粒长大驱动力最大，奥氏体晶粒长大的时间最充足，因此，焊接转速为 1500r/min 的焊接热影响区组织为粗大板条马氏体；在焊接过程中，转速 500r/min 焊接参数在焊接过程中温度最低，最后焊接热影响区马氏体晶粒最细小；1000r/min 的焊接热影响区马氏体晶粒大小介于上述两者之间。

图 3-20 为焊接热影响区的 TEM 照片，该区域的组织大多数如图 3-20a 所示，从图中可以看到，该区域的组织是板条马氏体，而只有少数组织如图 3-20b 所示。相比于热机械影响区的自回火析出物 Fe_3C，该区域的自回火 Fe_3C 明显更细小，而且数量较少。导致这种现象的主要原因有两个：一是焊接过程中该区域的温度相比于焊接热机械影响区较低，析出物长大速度较慢；二是该区域转变为马氏体的时间较晚，焊接接头温度已下降，导致该区域组织回火作用减弱，最后导致析出物尺寸较小。

 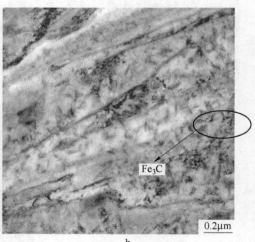

a   b

图 3-20 焊接热影响区 TEM 照片

图 3-21 为 1500r/min 与 500r/min 焊接热影响区的 EBSD 分析结果。从图 3-21a 中看出，整个基体上很零散地分布着残余奥氏体，且残余奥氏体趋向于分布在大块的马氏体内部。母材碳元素的不均匀分布是残余奥氏体向大块

铁素体内部分布的主要原因。原组织中马氏体碳含量较高，铁素体碳含量较低，导致组织中不同区域 A_{c3} 点不同。在奥氏体温度以上，随碳含量增加，碳在奥氏体中扩散速度增加，从而增大了奥氏体晶粒的长大速度，进而导致了碳含量多的区域晶粒长大速度高；另外，原组织中碳含量高的地方（原马氏体组织），碳更容易富集，在随后的冷却过程中该区域的奥氏体更容易保留下来生成残余奥氏体。因此，DP 钢原始组织碳含量分布不均匀性最终导致原马氏体组织晶粒更容易长大，且容易生成残余奥氏体组织，从而导致了残余奥氏体趋向于分布在大晶粒的内部。

从图 3-21c 中可以看到，该区域残留着残余奥氏体，且从表 3-6 中可以

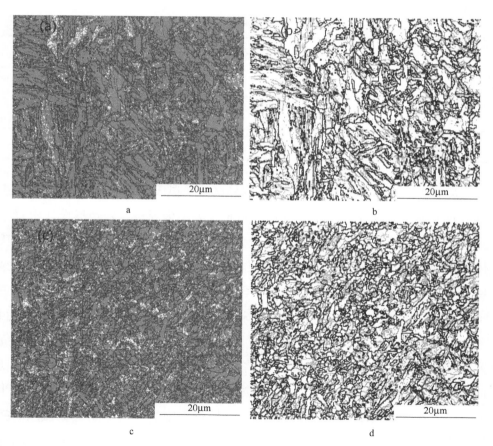

图 3-21　1500r/min（a，b）与 500r/min（c，d）焊接热影响区 EBSD 结果

a，c—相分布；b，d—大小角度晶界分布

看到 500r/min 焊接接头热影响区残余奥氏体数量明显比 1500r/min 焊接热影响区多。导致这种现象的原因是 1500r/min 的焊接过程中，焊接热影响区经历了较高的温度，碳原子扩散系数大，碳原子可以向四周扩散到更远的距离，导致了最后 1500r/min 的焊接接头碳元素分布相对来说更均匀。碳含量的大小决定了钢中各相的特点，它是奥氏体稳定元素，并通过影响残余奥氏体中碳含量来影响残余奥氏体的稳定性。一般来说，残余奥氏体中的碳含量高时，残余奥氏体的稳定性高；反之，碳含量低时残余奥氏体的稳定性低。因此，相对于 1500r/min 的焊接热影响区组织，500r/min 的焊接热影响区组织碳元素富集程度更高，更有利于残余奥氏体的形成[107]。

表 3-6　热影响区相含量

相		含量/%	
		1500r/min	500r/min
▬	铁 bcc	96.3	93.0
▭	铁 fcc	3.7	7.0

从表 3-7 中可以看出，500r/min 焊核区残余奥氏体含量为 7%，热机械影响区残余奥氏体含量为 1.5%；1500r/min 焊接接头焊核区残余奥氏体含量为 3.7%；热机械影响区残余奥氏体含量为 2.6%（由于退出孔处的误差，奥氏体含量实际值小于 2.6%）。从 EBSD 结果可以看出，焊接热机械影响区残余奥氏体含量明显比焊核区残余奥氏体含量多，导致这种现象的主要原因有三个：一是焊接过程中焊接的主要热源来自于轴肩与工件的摩擦，因此焊接过程中焊核区的温度比焊接热影响区高，碳元素的扩散系数较大，不利于碳元素的富集，因此焊接完成后焊接热影响区碳元素富集程度比焊核区残余奥氏体含量高，在随后的转变过程中焊接热影响区由于碳元素富集程度更高可生成更多的残余奥氏体；第二个原因是在焊接过程中焊核区受到了更强烈的挤压作用，使碳元素富集区组织（原马氏体）被挤碎，富碳组织更分散，因此碳扩散过程中需要扩散的距离减小，更有利于碳元素扩散而不利于碳元素的富集；第三个原因是焊接热机械影响区紧邻退出孔，焊接完成后发生了自回

火。残余奥氏体在回火加热过程中析出细小弥散的碳化物，导致残余奥氏体中的碳及合金元素贫化，使其 M_s 点高于室温，因而在冷却过程中发生马氏体转变，残余奥氏体的数量也随之减少，这种现象称为二次淬火[108]。

表 3-7 焊核区与热机械影响区残余奥氏体含量

转速/r·min⁻¹	残余奥氏体含量/%	
	焊核区	热机械影响区
500	7	1.5
150	3.7	<2.6

3.2.1.4 转速对热影响临界区组织的影响

热影响临界区与母材相邻，在母材内侧与焊接热影响区的外侧。在焊接过程中没有产生塑性变形，同时受到的热影响也相对较弱，整个焊接过程中温度峰值在 A_{c1} 与 A_{c3} 之间。图 3-22a~c 为不同转速热影响临界区内侧 SEM 组织。从图 3-22a~c 中可以看出焊接热影响临界区内侧的组织为马氏体+贝氏体+铁素体的混合组织，同时晶粒十分细小。这是由于在搅拌摩擦焊接过程中升温速度快（最快约 100℃/s），被加热到 A_{c1} 点后，部分组织转变为奥氏体，同时快速升温使奥氏体形核速率加快，加上焊接过程中保温时间短，该区域组织在奥氏体化转变很不充分的情况下便快速冷却下来。这种焊接条件导致组织在加热与冷却过程中相变形核速率很快，同时也使组织转变得很不充分，最终组织转变为晶粒十分细小的马氏体+贝氏体+铁素体混合组织。图 3-22d~f 为不同转速热影响临界区外侧 SEM 组织，从图中可以看到不同转速对该区域的组织影响差别不大，因为该区域没有塑性变形，焊接过程中受到的热循环相似，因此焊接冷却后组织十分相似。不同转速焊接接头热影响临界区外侧的组织都为大块铁素体+马氏体+贝氏体的混合组织。可见，焊接热影响临界区外侧受到的热影响较小，焊接接头中有大量的铁素体在焊接过程中没有奥氏体化而直接保存了下来。

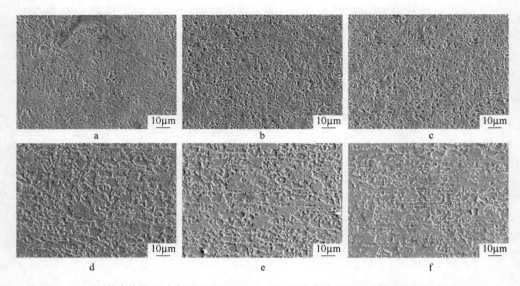

图 3-22 热影响临界区内侧 SEM 组织（a~c）和热影响临界区外侧 SEM 组织（d~f）

a, d—1500r/min; b, e—1000r/min; c, f—500r/min

图 3-23 为临界区外侧的 TEM 组织，从图中可以看出临界区外侧组织由铁素体与马氏体组成，且马氏体分为两种：一种为原母材中的马氏体发生了回火，内部析出碳化物，生成典型回火马氏体组织，马氏体板条特征消失；另一种为新生成马氏体，未发生回火转变，马氏体板条特征较明显。

图 3-23 临界区外侧的 TEM 组织

图 3-24 和表 3-8 为母材与临界区外侧的 EBSD 相分析结果，从图中可以看到临界区外侧的残余奥氏体明显比基体多。这是由于在焊接过程中临界区外侧被加热到了 A_{c1} 与 A_{c3} 之间，碳含量高的基体组织（马氏体）发生奥氏体转变，在随后的冷却过程中一部分组织转变为贝氏体，由于基体中添加的硅元素不易在渗碳体中溶解，从而使碳化物的形成被抑制，碳元素进一步向奥氏体中富集，使未转变奥氏体中碳含量增加，提高了奥氏体的稳定性。同时锰元素扩大 γ 相区，稳定奥氏体组织，使在随后的冷却过程中残余奥氏体的含量增多。另外，母材中原马氏体是碳元素的富集区，这也是生成残余奥氏体的一个非常重要的原因[107]。

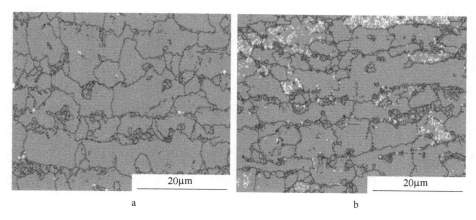

图 3-24 EBSD 相分布

a—母材；b—热影响临界区外侧

表 3-8 母材与临界区外侧 EBSD 相含量

相		含量/%	
		母材	临界区外侧
	铁 bcc	99.8	96.6
	铁 fcc	0.2	3.4

3.2.1.5 转速对焊接接头组织硬度的影响及分析

图 3-25 为不同焊接转速焊接接头上板与下板的硬度分布。从图 3-25 中可以看出，在最外侧为母材组织，硬度在 250HV 左右。由于转速为 1500r/min 的

焊接接头在焊接过程中经历了更高的温度，热影响区范围最大。从图中可以看到，无论是上板还是下板，在靠近退出孔的位置，1500r/min 的焊接接头硬度最低，500r/min 的硬度最高。这是由于转速为 1500r/min 的焊接过程中高温导致晶粒长大严重；转速为 500r/min 的焊接接头在焊接过程中经历温度最低，其晶粒长大现象最弱，焊接完成后晶粒最细小，因此其靠近退出孔硬度相对较高；转速为 1000r/min 的焊接接头靠近退出孔硬度介于两者之间。从图中还可以看出，在靠近退出孔的位置，硬度在 400HV 以上，可以确定靠近退出孔位置的组织以马氏体为主，这与本研究前面的论述相吻合。随着与退出孔距离的增大，焊接接头的硬度逐渐减小，硬度从 400HV 以上下降到 220HV 左右。在临界区外侧，可以观察到有软化区，硬度下降到了 220HV 左右，该区域马氏体分解较少是导致该区域软化的主要原因。从硬度的整体变化来看，相同区域、相邻位置硬度值跳动较大，比如 1500r/min 的焊接接头与退出孔相邻区域硬度在 410~470HV 之间跳动。导致这种现象的原因是，马氏体的生成过程中碳的分布即不均匀，导致随后生成的马氏体碳含量不同，由于马氏体硬度与马氏体的碳含量 1/2 次方成正比，因此，碳含量高的马氏体硬度较高，碳含量较低的马氏体通常硬度较低[109]。由此可见，母材碳浓度分布不均匀，使整个焊接接头的碳浓度部分不均匀，最后使组织的硬度分布不均匀，在硬度测量过程中出现硬度值跳动现象。

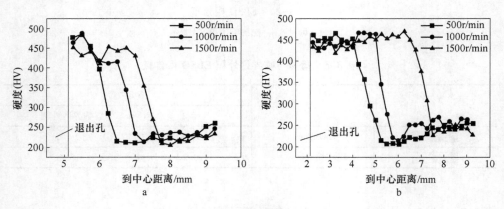

图 3-25 硬度分布

a—上板；b—下板

3.2.2 轴肩压入深度对焊接接头组织的影响

以第二组焊接参数为例，说明轴肩压下深度对焊接接头组织的影响。第二组焊接参数中转速采用1000r/min，轴肩压入深度分别采用0.7mm、0.5mm与0.3mm，其他焊接参数不变。图3-26为不同压入深度对应的温度变化。从图中可以看到，焊接过程中其他焊接参数相同条件下，随着搅拌头轴肩压入深度的增加，焊接过程中温度也随之增加。

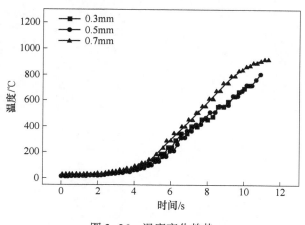

图3-26　温度变化趋势

图3-27为轴肩压入深度为0.5mm与0.3mm焊接接头横断面轮廓。可以看出，轴肩压入深度为0.3mm时焊接接头上板减薄现象减轻，但存在未结合线。

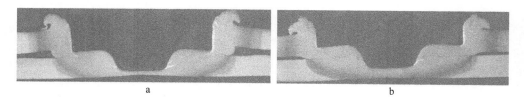

图3-27　不同轴肩压入深度焊接接头横断面

a—0.5mm；b—0.3mm

3.2.2.1　轴肩压入深度对热机械影响区的影响

从图3-28中看到，焊接热机械影响区以板条马氏体为主。在焊接过程中轴肩压入深度为 0.7mm 的焊接接头在焊接过程中的温度最高，晶粒更容易长大，焊接完成后得到的晶粒应该更粗大。同时，压入深度 0.7mm 焊接接头在焊接过程中变形最强烈，再结晶更容易发生，因此这两方面的综合作用使不同轴肩压入深度的焊接接头最终得到的焊接热机械影响区组织差别不大。

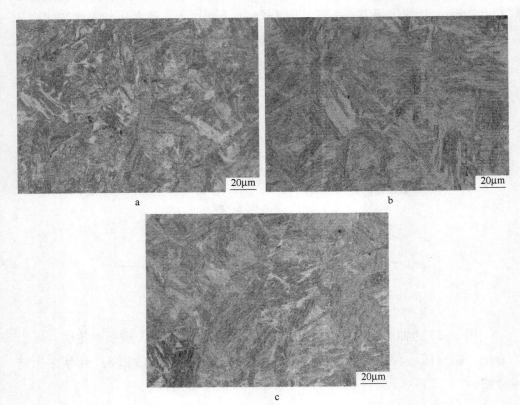

图 3-28　不同轴肩压入深度焊接接头焊接热机械影响区显微组织

a—0.7mm；b—0.5mm；c—0.3mm

3.2.2.2　轴肩压入深度对热影响区组织的影响

从图 3-29 中可以看到压入深度为 0.7mm 的焊接热影响区组织因为焊接过程中的温度最高，焊接完成后生成板条马氏体，且晶粒最粗大；压入深度为 0.3mm 的焊接热影响区组织晶粒最细小，同时可以看到该区域中存在未转化的铁素体；压入深度为 0.5mm 的焊接热影响区组织晶粒大小介于两者之间，存在少量铁素体。

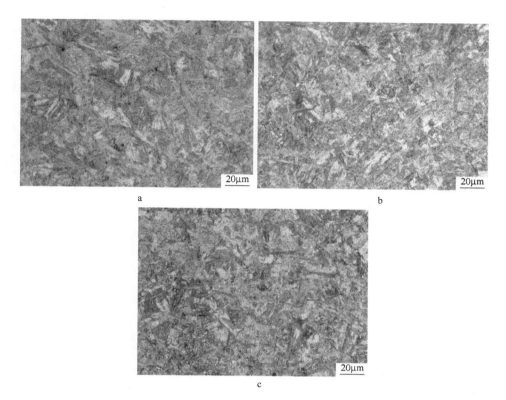

图 3-29　不同轴肩压入深度焊接接头焊接热影响区显微组织

a—0.7mm；b—0.5mm；c—0.3mm

3.2.2.3　轴肩压入深度对热影响临界区组织的影响

图 3-30 为热影响临界区内侧光学显微组织。从图 3-30 中可以看到，临界区为马氏体+贝氏体+铁素体混合组织。在焊接过程中该区域被加热到 A_{c1} 到 A_{c3} 之间，在随后冷却过程中得到混合组织，且不同的压入深度最后得到的组织十分相似。

图 3-31 为临界区外侧的显微组织。从图中看到，原马氏体组织在焊接过程中长大，"吞噬"了周围的铁素体，在焊接接头冷却下来后，马氏体的体积分数增加。由于母材为双相组织，马氏体由于碳含量高在加热温度超过 A_{c1} 点后，率先转变为奥氏体，由于奥氏体与相邻的铁素体有碳浓度差，因此碳会由奥氏体向铁素体扩散，奥氏体晶粒也随之长大，在随后冷却过程中转变

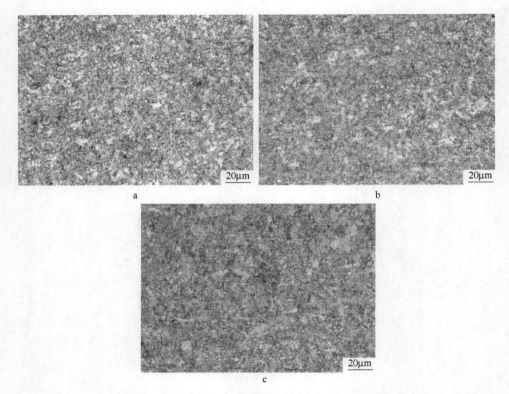

图 3-30 不同轴肩压入深度焊接接头热影响临界区内侧组织

a—0.7mm; b—0.5mm; c—0.3mm

为马氏体。经过硬度测试，该区域的硬度在 300~360HV 之间，相比于母材增加 100HV 左右。这是因为经过焊接后，该区域的马氏体含量增多，双相钢中马氏体含量决定着组织的硬度，因此硬度值上升。

3.3 焊接参数对焊接接头力学性能的影响

搅拌摩擦点焊工艺参数是影响 DP780 点焊接头组织及力学性能的重要因素。搅拌摩擦点焊工艺参数主要包括转速、压入深度、压入速度和停留时间，这些焊接参数共同影响搅拌摩擦点焊焊接接头的力学性能。

点焊拉剪断裂形式主要分为界面断裂和焊核剥离两种。界面断裂是从焊接工件的两板之间断开，其承载能力较弱，断口处较平整，实际生产中应避免焊接接头产生界面断裂。焊核剥离是焊核完整地从母材中拔出，断口一侧

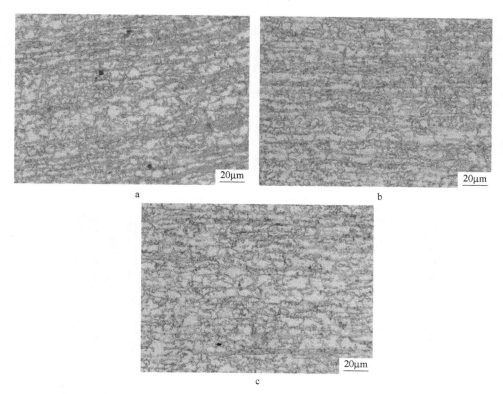

图 3-31　不同轴肩压入深度焊接接头热影响临界区外侧组织

a—0.7mm；b—0.5mm；c—0.3mm

为纽扣状的焊核，另一侧为焊点拔出后留下的孔洞。焊核剥离的接头承受的拉剪力较高，焊接接头的强度也较高，因此通常希望焊接接头的断裂模式为焊核剥离。通常检验接头能否产生焊核剥离来初步评价焊接接头的力学性能。

3.3.1　转速对焊接接头力学性能的影响

以第一组焊接参数为例说明转速对焊接接头力学性能的影响。表 3-9 为不同转速焊接接头的力学性能与断裂形式。图 3-32 为焊接接头剪切断裂照片。

表 3-9　第一组焊接参数焊接接头剪切强度与断裂形式

焊接转速/r·min⁻¹	1500	1000	500
剪切强度/kN	10.7	18.2	12.0
断裂形式	焊核部分剥离	焊核整体剥离	界面断裂为主

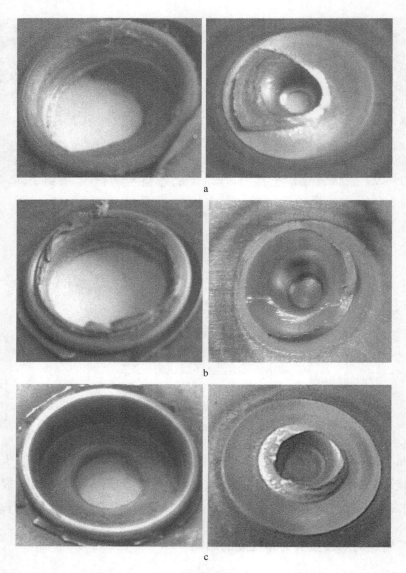

图 3-32 不同转速焊接接头剪切断裂照片

a—1500r/min；b—1000r/min；c—500r/min

从表 3-9 中可以看到，1000r/min 的焊接接头剪切强度最高，而 1500r/min 的焊接接头与 500r/min 的焊接接头剪切强度较低，且只有 1000r/min 的焊接接头断裂形式为焊核剥离。导致焊接接头断裂形式不同的原因有两个：（1）上下板的结合情况；（2）上板减薄情况。

图3-33为第一组焊接参数不同转速焊接接头结合情况。从图中可以看到1500r/min焊接接头两板之间的未熔合线较短，同时上板减薄严重；500r/min焊接接头两板之间的未熔合线清晰可见，上板减薄较小；1000r/min焊接接头两板之间的未熔合线观察不到，上板有一定程度的减薄。焊接接头断裂形式与上下两板之间的结合情况有直接的联系，在上下两板结合牢固的情况下，焊接接头的断裂形式才会为焊核剥离。从表3-10与图3-32b、图3-33b中可以看出，由于1000r/min的焊接接头上下板之间结合情况较为理想，且上板又没有严重的减薄，所以得到的焊接接头剪切强度最高，焊接接头的断裂形式为焊核整体剥离；1500r/min的焊接接头上板由于过大的压入深度导致严重减薄，最后的断裂形式为部分焊核剥离；500r/min的焊接接头由于上下板熔合情况欠佳，且上板减薄现象很弱，最后焊接接头断裂形式以界面断裂为主，虽然搅拌针附近的连接较好，但由于连接面积小，对力学性能的提升效果不大。

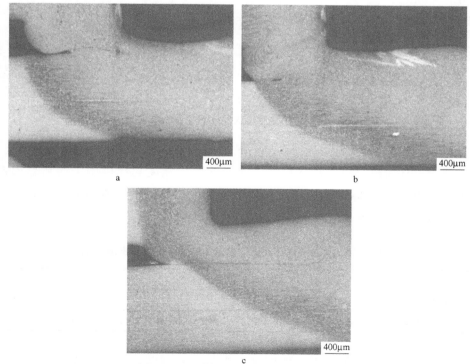

图3-33 不同转速焊接接头结合情况

a—1500r/min；b—1000r/min；c—500r/min

3.3.2　压入深度对焊接接头力学性能的影响

焊接过程中压入深度不同对焊接过程中的温度与压力都有很大的影响，不同压入深度得到的焊接接头无论组织还是力学性能上都有着明显的区别。以第二组焊接参数为例说明不同压入深度对焊接接头力学性能的影响。

图 3-34 为第二组焊接接头未结合情况。从图 3-33b 和图 3-34 中可以看出，转速为 1000r/min 的情况下，轴肩压入深度为 0.7mm 与 0.5mm 时焊接接头上下板的熔合情况较好，而轴肩压下深度为 0.3mm 的焊接接头有明显的未结合线，未结合线的存在将严重影响焊接接头的力学性能。

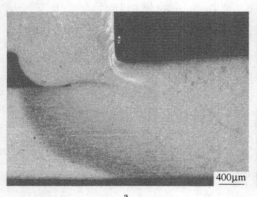 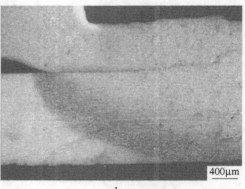

图 3-34　不同轴肩压入深度焊接接头结合情况

a—0.5mm；b—0.3mm

表 3-10 为第二组焊接参数焊接接头的剪切强度与焊接接头的断裂形式。从表中可以看到，随着轴肩压入深度的增加，焊接接头的剪切强度随之增加，轴肩压入 0.7mm 的焊接接头力学性能最佳。

表 3-10　第二组焊接参数焊接接头的剪切强度与断裂形式

轴肩压入深度/mm	0.7	0.5	0.3
剪切强度/kN	18.2	15.7	9.4
断裂形式	焊核整体剥离	焊核整体剥离	界面断裂

图 3-35 为第二组焊接参数焊接接头剪切断裂照片。从图 3-35a 与图 3-32b 中可以看到，轴肩压入深度为 0.7mm 与 0.5mm 的焊接接头最后的断裂形

式都为焊核剥离，且最后的力学性能较理想；压入深度为 0.3mm 的焊接接头最后的断裂形式为界面断裂为主，剪切强度大幅度下降（图 3-35b）。因此，为了获得较理想的剪切强度，应避免采用较小的压入深度。

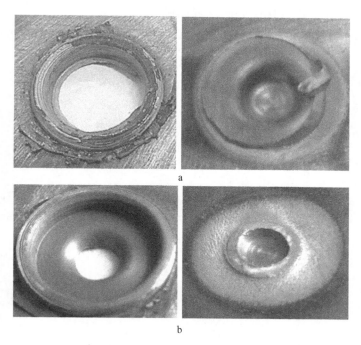

图 3-35 不同轴肩压入深度焊接接头剪切断裂照片

a—0.5mm；b—0.3mm

图 3-36 为第二组焊接参数中压入深度为 0.7mm 与 0.5mm 的焊接接头剪切断裂横断面图，从图中看到，相比于轴肩压入深度 0.5mm 焊接接头，虽然轴肩压入深度为 0.7mm 的上板减薄情况比较严重，但上下两板的结合面积较大，最后剪切强度较高。

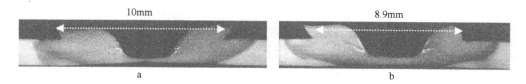

图 3-36 不同轴肩压入深度焊接接头剪切断裂横断面图

a—0.7mm；b—0.5mm

　　从上面的分析可知，焊接接头剪切强度的大小由焊接接头上下板的结合情况及上板的减薄情况共同决定。如果上下板的结合情况良好，且上板有减薄现象，焊接接头倾向于焊核剥离断裂；如果上下板的结合情况欠佳，且上板减薄现象较轻，焊接接头倾向于界面断裂。

　　图 3-37 为第二组焊接参数焊接接头端口扫描组织。金属的断裂一般有塑

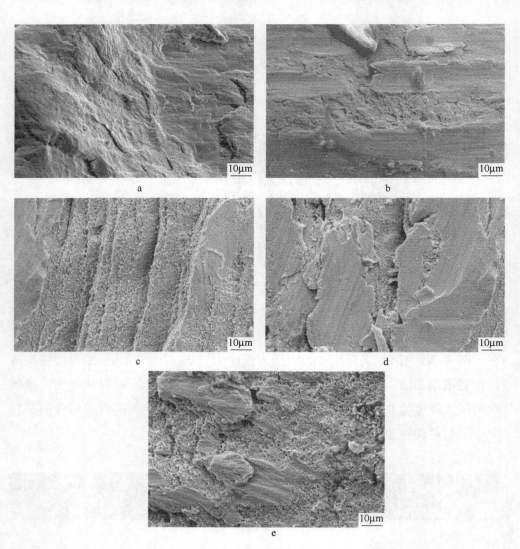

图 3-37　不同轴肩压入深度焊接接头断口电子扫描组织

a, b—0.7mm; c, d—0.5mm; e—0.3mm

性断裂与韧性断裂两种模式。塑性断裂又称为延性断裂，断裂前发生大量的宏观塑性变形，断裂时承受的工程应力大于材料的屈服强度，断口一般可以观察到大量韧窝的存在；金属的脆性断裂过程中，极少或者没有宏观塑性变形，但在局部区域仍存在一定的微观塑性变形，断口界面较平直[68]。从图3-37a、b中可以看到，在转速相同的情况下轴肩压入深度为0.7mm的焊接接头断口界面较平直，并且只有极少数的韧窝存在。由此可以看出，该焊接接头的断裂模式为脆性断裂；从图3-37c、d中可以看出，轴肩压入深度为0.5mm的焊接接头断口中存在大量的韧窝，同时也存在较平直的断裂表面。由此可以看出，该焊接接头的断裂模式是脆性断裂与韧性断裂并存。从图3-37e中可以看出，轴肩压入深度为0.3mm的焊接接头断口可以看到很多的韧窝，只有少量的平直界面。由此可以看出，该焊接接头的断裂模式主要是韧性断裂。从焊接接头的断裂模式可见，随着焊接热输入的增加，焊接接头的断裂模式由以韧性断裂为主向以脆性断裂为主转变。因此，在焊接过程中应该适当地减少焊接过程中的热输入量，从而改善焊接接头的韧性。

3.4 焊接过程中压力与温度对焊接接头力学性能的影响

从焊接接头轮廓图中可以看到，轴肩下部分工件在焊接过程中并没有被搅动起来，而是受到了十分大的压力并且伴随着高温，最后上下两板完成扩散连接。而最后决定焊接接头力学性能的决定因素是扩散连接的强度。多数从事扩散焊研究的学者，均将纯固态下的焊接过程划分为两个阶段来研究，即变形-接触、扩散-界面迁移和消失。温度、压力、保温扩散时间、工件表面状态、保护方法、母材及中间扩散夹层的冶金物理性能等，是影响扩散焊接过程及接头质量的一些主要因素。

材料在焊接加热过程中伴随着一系列物理的、化学的、力学和冶金方面的变化，而这些变化都直接或间接地影响着扩散焊接的过程及接头质量。

从扩散规律可知：扩散系数 D 与温度有指数关系，如式（3-2）所示：

$$D = D_0 \exp^{-\frac{Q}{RT}} \qquad (3-2)$$

式中　D_0——扩散常数；

　　　R——气体常数；

　　　Q——扩散激活能；

T——温度。

由式（3-2）可知，温度 T 越高，扩散系数越大。相同的，温度越高，金属的塑性变形能力越好，焊接表面达到紧密接触所需的压力越小。从这两方面考虑，焊接温度越高越好。

压力在焊接中也有非常重要的作用，主要作用有三：

（1）促使焊接表面微观凸起部分产生塑性变形后达到紧密接触状态；

（2）使界面区原子激活，加速分散与界面孔洞的弥合及消除；

（3）防止扩散孔洞的产生。

宏观看起来十分光洁与平滑的焊接表面，微观上却是非常不平的。压力越大、温度越高，紧密接触的面积也越多。但不管压力多大，焊接表面不可能达到 100% 的紧密接触状态，总有一小部分演变为界面孔洞。这些孔洞不仅损害接头性能，而且还像销钉一样，阻碍着晶粒的生长和晶界穿过界面的推移运动。在第一阶段形成的孔洞，如果在第二阶段仍未能弥合，则只能依靠原子扩散来消除，这样就需要很长的时间，特别是消除那些包围在晶粒内部的大孔洞更是十分困难。因此，在加压变形阶段，一定要设法使绝大部分表面实现紧密接触。

扩散焊所需要的保温扩散时间与温度、压力、中间扩散层厚度和对焊接接头成分及组织均匀化的要求密切相关。原子扩散走过的平均距离与扩散时间的平方根成正比，如式（3-3）所示：

$$X = K\sqrt{t} \tag{3-3}$$

式中　X——平均距离；

　　　K——常数；

　　　t——时间。

从式（3-3）中可以看出，如果要求接头均匀化程度提高，保温时间需要以平方的速度增长[108]。

3.4.1　焊接转速对焊接压力的影响

压力对焊接接头的力学性能有举足轻重的作用，在焊接阶段，应使压力尽可能维持在较高水平，使上下两板之间紧密结合，为界面的移动与界面孔洞消失创造有利条件。焊接过程中搅拌头以程序设置的压下速度压入,在压入过程中压入速率是不变的。因此,在焊接过程中压力的大小取决于搅拌头在压下过程中遇到的阻力大小。图 3-38 为第一组焊接参数下,不同焊接转速对应的压力变化。

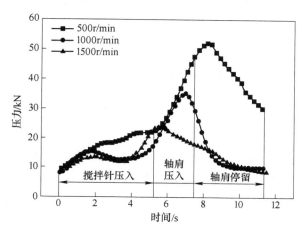

图 3-38　第一组焊接参数下不同焊接转速对应的压力变化

从图 3-38 中可以看到焊接之前压力为 7kN 左右,该压力值为焊机机头自重。在 2s 之前压力一直上升,原因是搅拌头插入工件,随着插入深度的增加,两者接触面积增多,金属变形抗力增加,压力值上升;在 2~5.4s 之间时,随着搅拌头与工件接触面积的增加,摩擦生热增多,工件温度升高软化,变形抗力随之减小。转速为 1500r/min 与 1000r/min 的情况下,随着搅拌针压入深度增加,工件软化速率加快,最后在 2~5.4s 之间压力下降。而 500r/min 时由于转速慢,摩擦生热软化工件速率低,因此在 2~5.4s 之间没有出现压力下降的现象,但压力增加速率减小。从图 3-38 中可以看到转速为 1500r/min 焊接过程中,轴肩接触到工件之后压力达到最大值,随之由于工件的高温软化,导致了压力的下降;转速为 500r/min 的焊接过程中,工件的软化作用最弱,导致了焊接过程中压力最大。在轴肩停留过程中压力也在上升并且获得了焊接过程中的最大压力值 51kN。转速为 1000r/min 的情况介于 1500r/min 与 500r/min 之间,最大压力值在轴肩压入阶段获得,然后工件软化使压力迅速下降。从图 3-38 中看到 500r/min 时压力变化与 1000r/min 和 1500r/min 时最大的不同是 500r/min 的压力最大值是在焊接停留阶段获得的,而 1000r/

min 与 1500r/min 在该阶段压力一直在迅速下降。导致这种现象的原因是 500r/min 焊接后期温度一直升高，搅拌头下方的金属体积不断膨胀，不断给搅拌头向上的压力。因此，从上面的分析可以看出，焊接过程中压力的变化是由材料的软化、材料的热膨胀及搅拌头的运动状态共同决定的。从图 3-38 中可以看到搅拌头停留时，压力迅速下降。这是因为在轴肩的停留阶段温度在迅速上升，金属被加热软化现象严重，因此压力也随之迅速下降。

3.4.2 轴肩压入深度对焊接压力的影响

从图 3-39 中可以看出，随着压入深度的增加，压力峰值随之增加。可以看到，轴肩压入深度为 0.7mm 的焊接过程中，压力在后期明显下降较快，而轴肩压入深度为 0.3mm 与 0.5mm 的压力下降速率大致相当。导致这种现象的原因是轴肩压入深度为 0.7mm 的焊接过程中，焊接接头的温度较高，在轴肩的停留阶段温度迅速上升，金属加热软化现象严重，因此压力也随之迅速下降。

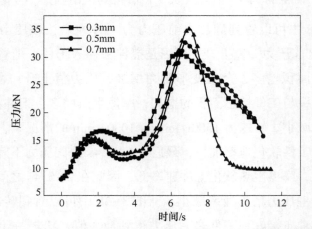

图 3-39 第二组焊接参数下不同轴肩压入深度对应的压力变化

3.5 转速对焊接压力与温度的影响

从上面的论述中可知温度、压力与时间对焊接接头有举足轻重的影响。图 3-40 为第一组焊接参数中转速分别为 500r/min、1000r/min、1500r/min 焊接过程中温度与压力随时间变化。

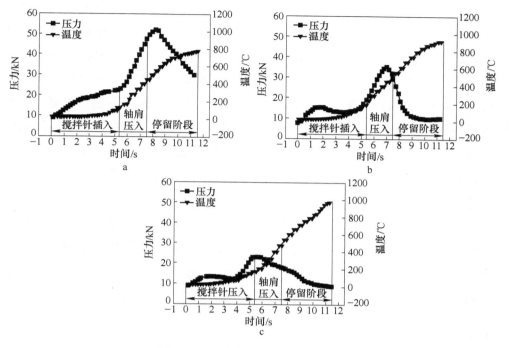

图 3-40 温度与压力随时间的变化

a—500r/min；b—1000r/min；c—1500r/min

从图 3-40 中可以看出转速为 500r/min 的焊接参数在焊接过程中压力较大，但是相比于 1000r/min 与 1500r/min，焊接过程中的温度较低；而对于转速为 1500r/min 的焊接参数在焊接过程中的压力较小，在轴肩压入的后期，压力值甚至低于相同阶段 500r/min 压力值的三分之一；而对于 1000r/min 的焊接过程，其温度与压力介于两者之间。综上所述，500r/min 的焊接参数在焊接过程中压力较大，但是温度较低；1500r/min 的焊接参数在焊接过程中压力较小，但是温度较高；1000r/min 的焊接参数在焊接过程中的温度与压力介于 500r/min 与 1500r/min 之间。

由上述分析可知，在 500r/min 的焊接过程中，压力足够大，但焊接过程中温度低，使上下两板紧密结合需要压力较大，同时原子之间的扩散系数小，加上压力维持在较高数值的时间短暂，上下两板之间的孔洞来不及扩散弥合焊接过程就已结束，最后导致焊接接头的力学性能不佳，焊接接头存在十分明显的未结合线。在 1500r/min 的焊接过程中，温度足够高，扩散系数较大，为上下两板之间原子扩散创造了十分有利的条件，但焊接过程中压力非常低，上下两板之间的界面结合部孔洞较多，残留的孔洞阻碍着晶粒的生长和晶界穿过界面的推移运动，对上下两板的结合造成很大的困难。消除这些界面孔洞需要很长的扩散时间，而整个焊接过程时间短暂，最后留下数量众多的界面孔洞，使焊接接头的力学性能不佳。另外由于上板的减薄现象严重，也损害了焊接接头的力学性能。在 1000r/min 的焊接过程中，由于温度与压力配合良好，使上下两板之间结合紧密，残留界面孔洞较少，同时温度较高，扩散系数较大，上下两板之间的原子可以充分扩散，最后焊接接头力学性能最佳。

从上述的结果可知，搅拌摩擦焊接过程中，转速对于焊接接头的力学性能影响很大；转速高的情况下温度高、压力低；转速低的情况下温度低、压力高。因此，为了使温度与压力配合良好，转速必须适中。同时，应该控制轴肩压入深度，以防止上板过多减薄而影响焊接接头力学性能。

3.6 轴肩压入深度对焊接压力与温度的影响

图 3-41 为第二组焊接参数中轴肩压入深度为 0.5mm 与 0.3mm 的焊接过程中温度与压力随时间的变化。

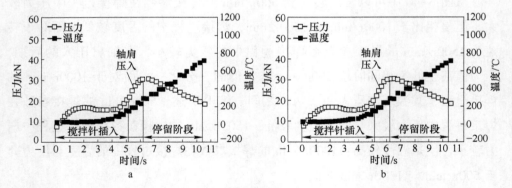

图 3-41　温度与压力随时间的变化

a—0.5mm；b—0.3mm

从图 3-40b 与图 3-41 中可以看到，不同轴肩压入深度的焊接过程中，在搅拌针插入的过程中温度与压力随时间的变化差别不大，但在轴肩压入的后期，温度与压力明显随压入深度的增加而迅速增加。从上面的论述可知，焊接过程中较高的压力与温度是焊接接头获得优良力学性能的保障。因此，在转速特定的情况下适当增加压入深度有利于获得较优异的接头力学性能，但轴肩压入深度不宜过大，否则上板会严重减薄。

3.7 本章小结

（1）焊接接头可以根据焊接过程中受到的变形与加热温度不同分为五部分：焊核区、焊接热机械影响区、焊接热影响区、热影响临界区、母材。

（2）焊接过程中的温度随转速的提高而升高，但是两者并不是线性关系，而是非常复杂的非线性关系。

（3）第一组焊接参数中，1000r/min 与 1500r/min 的热机械影响区组织为板条马氏体，500r/min 焊接热机械影响区组织因为发生了形变诱导相变而生成先共析铁素体，最后的组织为马氏体+先共析铁素体。1500r/min 的焊接热机械影响区晶粒最粗大，500r/min 的焊接热机械影响区晶粒最细小，1000r/min 的焊接热机械影响区晶粒大小介于 500r/min 与 1500r/min 之间，且发生了自回火。

（4）由于受到 DP 钢原始组织的影响，焊接完成后碳元素聚集在原马氏体组织区域，这种碳元素富集为残余奥氏体生成创造了条件，使焊接热影响区生成残余奥氏体。

（5）焊接热影响区组织以板条马氏体为主，且马氏体发生了轻微回火，可以观察到细小的 Fe_3C；临界区的组织为马氏体+贝氏体+铁素体的混合组织。

（6）由于碳元素的不均匀分布，导致了生成马氏体硬度有差别。第一组焊接参数中，由于 500r/min 的焊接接头晶粒更加细小，因此与退出孔相邻的组织硬度值较大。硬度的总体分布：1500r/min 焊接接头热影响范围最大；500r/min 焊接接头热影响范围最小；1000r/min 焊接接头热影响范围介于两者之间。

（7）随着轴肩压入深度与转速的增加，焊接过程中的温度不断升高。

（8）焊接完成后焊接接头铁素体含量随着距母材距离减小而增多。

（9）焊接过程中的压力与温度共同影响焊接接头的力学性能。第一组焊接参数焊接过程中，转速为 1500r/min 的焊接过程中温度最高，压力最小；

转速为 500r/min 的焊接过程中温度最小，压力最大；转速为 1000r/min 的焊接过程中压力与温度介于 1500r/min 与 500r/min 之间，焊接接头力学性能最佳。

（10）焊接接头剪切强度的大小由焊接接头上下板的结合情况及上板的减薄情况共同决定。焊接过程中随着热输入量的增加，焊接接头的断裂模式由韧性断裂向脆性断裂转变，因此在焊接过程中应该减少焊接热输入以增加焊接接头的韧性。

（11）随着轴肩压入深度的增加，焊接过程中的温度与压力也随之增加。因此，适当地增加轴肩压入深度有利于焊接接头力学性能的提高。但是，轴肩压入深度不易增加过多，以防止上板减薄严重。

4 X100 管线钢搅拌摩擦焊接接头微观组织转变机理及冲击韧性研究

管线运输是一种高效、经济的石油、天然气输送方式，此外还可对煤和其他固体物质进行输送。进入 21 世纪，油气管线的重大趋势是采用大口径、高压输送，因此必须选用高强度级管材，这将大幅度节约管线建设和运行成本。随着管线输送压力的日益提高，管线钢管也迅速向高强度、超高强度发展。由于油田大多处于偏远地区，与此相配套的管线多是在气候恶劣、人烟稀少、地质地貌条件极其复杂的地区建设。严酷的地域、气候条件不但给长输管线的施工造成困难，而且对管线钢的性能，尤其是管线钢的低温韧性和韧脆转变特性提出了更高的要求。迄今为止，制管过程与管线现场施工过程都采用传统的熔焊方式，而传统的熔焊焊接方法由于其较高的热输入，不可避免地造成了焊缝和近缝区金属的严重粗化与脆化，而且随着管线钢强度的提高，焊接接头性能的恶化尤其严重。另外，由于高热输入导致的晶界偏析，容易促使焊接接头耐腐蚀性能的严重下降。为了减轻焊接接头晶粒粗大现象，管线钢焊接过程中普遍采用低热输入量，而低热输入量与焊接过程中多次的预热和缓冷将严重降低管线钢的建设效率，这成为了制约管线建设的瓶颈之一[110~114]。

针对以上问题，本章采用搅拌摩擦焊接的方法焊接了 X100 管线钢，并对焊接接头的微观组织转变机理及冲击韧性进行了深入的研究。

4.1 实验材料与过程

实验材料为山东莱芜钢铁集团和东北大学联合开发的超低碳微合金 X100 管线钢，生产过程采用控制热轧工艺。X100 管线钢是在超低碳（0.04%~0.06%）及低硫的基础上，添加 Mo、Nb、Ni、Cr 等合金元素，从而获得的一种细晶粒高钢级微合金钢。焊接时板的厚度为 8mm，其化学成分（质量分数,%)为 Fe-0.04C-0.29Si-2.0Mn-0.006P-0.0015S-0.23Cu-0.27Cr-0.55
(Ni+Nb+Mo),搅拌摩擦加工过程中采用的焊接参数分别为 400r/min-
100mm/min、600r/min-100mm/min 与 600r/min-50mm/min。焊接过程中使用
的搅拌工具为 W-Re 合金,轴肩直径为 20mm,搅拌针长为 6mm,在轴肩与
搅拌针上存在螺纹。焊接完成后在垂直于焊接方向取冲击试样,冲击试样的
尺寸及取样位置如图 4-1e 所示。冲击测试实验在-20℃下完成,每个位置的
冲击实验重复三次,最后的冲击韧性取平均值,为了研究裂纹的扩展机制,
在冲击试样的断口截面取样,观察裂纹扩展的路径。

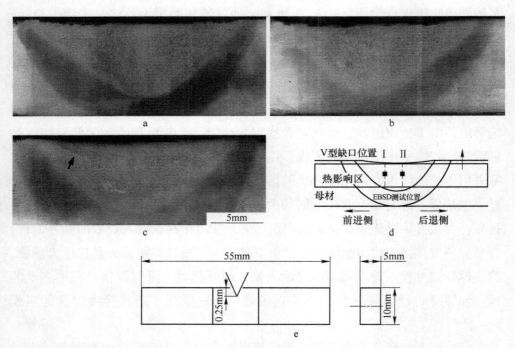

图 4-1 焊接接头 400r/min-100mm/min(a)、600r/min-100mm/min(b)、600r/min-
50mm/min(c)、冲击试样取样位置及 EBSD 测试位置(d)和冲击试样尺寸(e)

4.2 X100 管线钢焊接接头宏观形貌分析

焊接完成后,焊接接头的宏观形貌如图 4-1a~c 所示。从图中可知,焊
接接头成"盆型",且没有任何的缺陷。整个焊接接头可以大致分为:搅拌
区(stir zone,SZ)、热影响区(heat affect zone,HAZ)与母材(base metal)。

其中，前进侧（advancing side，AS）位于左方，后退侧（retreating side，RS）位于右方。具体分区及分区的位置如图 4-1d 所示。

4.3 焊接接头搅拌区微观组织转变分析

图 4-2 为母材的扫描组织，从图中可以看出母材主要含有针状铁素体。图 4-3 为搅拌区不同位置的扫描组织，从图中可以看出在搅拌区的各个位置都存在板条贝氏体，然而在焊接接头 600r/min-100mm/min 的后退侧（图 4-3d、e）与焊接接头 600r/min-50mm/min 的前进侧（图 4-3f、g）发现了大量的粒状贝氏体（granular bainite，GB）。此外，焊接接头 600r/min-50mm/min 与 600r/min-100mm/min 前进侧与后退侧的晶粒大小没有太大的差别，但焊接接头 400r/min-100mm/min 前进侧的晶粒明显比后退侧的晶粒大。图 4-4 为焊接接头不同位置的反极图（inverse pole figure，IPF），图中的黑线表示大角度晶界（取向差大于 15°）。由于板条贝氏体是由很多平行的板条束组成，在不同的板条束之间存在大角度晶界，因此板条贝氏体内部往往含有大角度晶界。但是粒状贝氏体内部不含有这种板条束，因此在粒状贝氏体内部也不存在大角度晶界[115]。因此，通过是否含有大角度晶界可以大致判断出该区域的组织是板条贝氏体还是粒状贝氏体。因此，在所有焊接接头的不同位置都可以发现粒状贝氏体的存在，只是含量比较少。通过以上的论述我们可以发现，焊接接头 600r/min-50mm/min 与 600r/min-100mm/min 搅拌区前进侧与后退侧的组织分布是不均匀的，而焊接接头 400r/min-100mm/min 搅拌区前进侧与后退侧主要含有板条贝氏体，整个搅拌区的组织分布比较均匀。

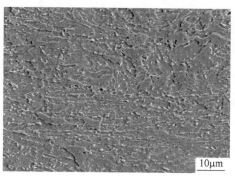

图 4-2 母材扫描组织

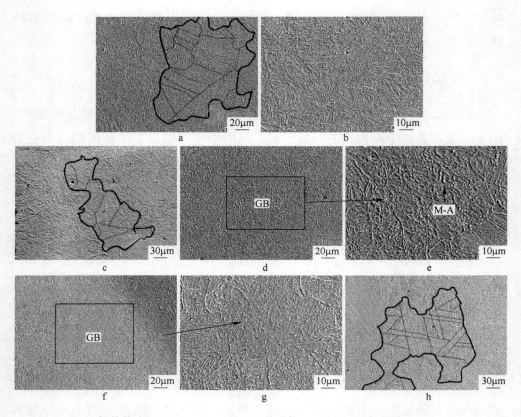

图 4-3 焊接接头 400r/min-100mm/min 前进侧（a）与后退侧（b）、600r/min-100mm/min 前进侧（c）与后退侧（d，e）、600r/min-50mm/min 前进侧（f）与后退侧（g，h）扫描组织照片

研究表明：在贝氏体转变过程中外加的变形条件对贝氏体转变有十分重要的影响[116~121]。在搅拌摩擦焊接过程中，变形速率与峰值温度随着焊接过程中转速的提高而提高，而冷却速度却随着转速的提高而降低[3]。此外，在搅拌摩擦焊接过程中，前进侧与后退侧的变形条件有很大差异[122,123]。与后退侧相比，前进侧在搅拌摩擦焊接过程中受到的剪切力更大，因此焊接过程中的摩擦产热也较多。但是到目前为止还没有关于前进侧与后退侧冷却速度差异的报道。Allred[124]指出，在搅拌摩擦焊接过程中，前进侧的冷却速度要比后退侧快。虽然前进侧的产热较多，但是由于搅拌工具的搅动作用，在前进侧刚刚被加热到高温的金属便被搅拌工具搅动到后退侧，然后在后退侧缓慢冷却。因此，虽然前进侧的产热量较高，但是在搅拌工具不停的搅拌作用

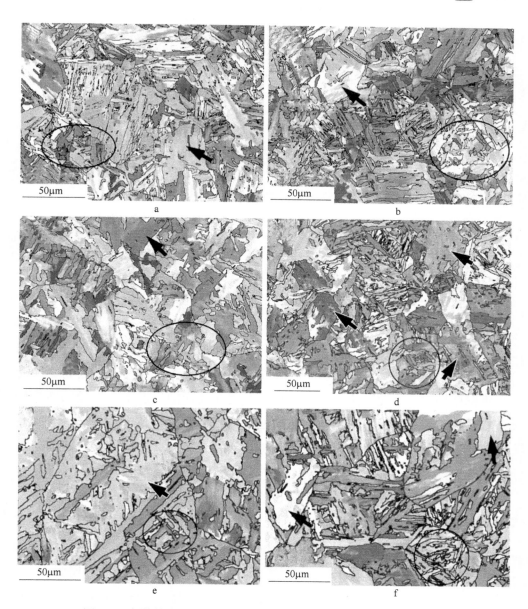

图 4-4 焊接接头 400r/min-100mm/min 前进侧（a）与后退侧（b）、
600r/min-100mm/min 前进侧（c）与后退侧（d）、600r/min-
50mm/min 前进侧（e）与后退侧（f）IPF 图

下，其冷却速度却较快。我们在 600r/min-50mm/min 焊接接头前进侧观察到
了变形痕迹，如图 4-5 所示，这种变形痕迹与冷轧中出现的变形带相似，只

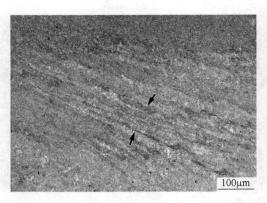

图 4-5　焊接接头 600r/min-50mm/min 搅拌区前进侧的变形条带

有在较高的冷却速度与较大的变形条件下才会出现。这种变形组织的出现说明 600r/min-50mm/min 焊接接头前进侧的冷却速度较高，因此这种变形痕迹才会保留下来。然而，这种变形痕迹却没有在其他焊接接头搅拌区前进侧发现。搅拌摩擦焊接过程中材料的流动与切削过程类似，因此为了更好地解释搅拌摩擦焊接过程中的温度变化，我们用切削过程中的温度变化来解释试验中出现的问题。切削过程中，在较高的切削速度下，刀具与工件之间会经受更大的摩擦力，因此产热也随之增加，但是在高切削速度下，热量都随着切屑被快速带走。此外，在较高的切削速度下，高温切屑与工件的接触时间也比较少，热量来不及传导到工件上就被切屑带走。因此，虽然在较高的切削速度下产热量较多，但是工件的温度却并没有上升，甚至有所降低。同理，在搅拌摩擦焊接过程中，虽然在高转速下会产生较高的热量，但是在前进侧被加热的金属被快速带到后退侧冷却，前进侧的冷却速度反而加快。因此，在较高的焊接转速下，搅拌区前进侧与后退侧的冷却速度会存在巨大差异，这也导致了其微观组织转变过程存在很大不同[125~128]。在焊接转速为 600r/min 的情况下，随着焊接行进速度从 100mm/min 降低到 50mm/min，搅拌区的金属经历了更大的切变变形，前进侧由于搅拌工具的搅拌作用冷却速度进一步加快。因此，我们可以断定在高热输入量情况下，前进侧加快冷却速度的现象会进一步加剧。当转速从 600r/min 降低到 400r/min 时，由于搅拌工具的旋转速度减弱，材料的流动速度也同时减弱，被加热的金属在前进侧会停留较长的时间，在前进侧的冷却时间延长，这时由于搅拌工具旋转而产生的加快冷却作用减弱，前进侧的冷却速度同时降低。如图 4-3a 所示，当焊接转速为 400r/min 时，前进侧的晶粒明显大于后退侧，这是由于前进侧的温度在焊接过程中较高，晶粒在高温下很容易长大导致的。总而言之，在高转速或者低焊接行进速度下，前进侧的冷却速度会因为搅拌工具的搅拌作用而加快，这导致了前进侧的冷却速度较快；在焊接转速较低情况下，前进侧由于在焊接过程中温度较高，晶粒容易长大。

粒状贝氏体一般会在低冷却速度下生成，但是在搅拌摩擦焊接过程中却在焊接接头 600r/min-50mm/min 前进侧与 600r/min-100mm/min 后退侧生成了大量的粒状贝氏体。根据之前的分析，600r/min-50mm/min 前进侧的冷却速度很快，而在冷却速度比较慢的后退侧却产生了大量的板条贝氏体。在搅拌摩擦焊接过程中，搅拌区的材料在搅拌工具的作用下会发生剧烈的剪切变形，这种变形会对贝氏体转变产生重要的影响。众所周知，贝氏体相变过程中涉及原子的切变过程，即原子要沿着惯习面做整体的移动。但是在搅拌摩擦焊接过程中的剧烈的变形向奥氏体中引入高密度的位错与亚结构，这些高密度的位错与亚结构会阻止原子整体的切变移动，从而阻止板条贝氏体的产生。这种现象叫做贝氏体机械稳定化，这方面的内容已经被很多学者报道过[116~121]。图 4-5 清楚地显示出焊接接头 600r/min-50mm/min 存在强烈的变形组织，图 4-6 为该区域的透射组织，从中也可以看出该区域存在高密度的位错，因此我们可以断定，该区域的组织由于这些高密度位错的存在而发生了贝氏体机械稳定化，最终生成了粒状贝氏体组织。图 4-6b 为焊接接头 400r/min-100mm/min 搅拌区的透射组织，从图中可以发现，当搅拌区的位错密度较低时板条贝氏体会顺利地生成。由此可见，贝氏体相变过程会受到组织中位错密度的强烈影响。此外，在焊接接头 600r/min-100mm/min 搅拌区后退侧也产生了大量的粒状贝氏体。为了进一步探究搅拌区的微观组织转变机制，我们研究了搅拌区的织构构成。根据 Mironov 等人[129]的理论，搅拌摩擦焊接/加工过程中，搅拌区材料的变形为剪切变形，因此在处理 EBSD 数据时，应该将坐标系旋转到与剪切坐标系重合。图 4-7 为旋转坐标系后搅拌区各个位置的三维取向分布函数分布（orientation distribution function，ODF）图，图 4-7g 为典型的体心立方材料的剪切织构。如图 4-7e 所示，在焊接接头 600r/min-50mm/min 搅拌区的前进侧存在较高的 F 剪切织构，在焊接接头

600r/min-100mm/min后退侧也存在较强的D1与D2剪切织构（图4-7d）。此外，在焊接接头400r/min-100mm/min搅拌区也存在较弱的剪切织构（图4-7a、b），据之前的微观组织观察，该区域同时含有少量的粒状贝氏体。由此可见，剪切织构的强度与粒状贝氏体的含量之间有十分明显的对应关系。在搅拌摩擦焊接铝、镁、铜等没有相变的材料时，焊接接头搅拌区中会存在较强的剪切织构，但在焊接钢铁材料时，剪切织构会因为材料发生相变而消失[130]。然而，在搅拌摩擦焊接过程中，材料会在短时间内快速升温与降温，材料会在各个温度区间变形。在本试验中出现了剪切织构，这说明材料在 A_3 点以下也发生了变形。Abbasi等人[130]在搅拌摩擦焊接X80管线钢时发现，如果变形发生在 A_3 点以下时，剪切织构的强度会增强。此外，当温度较低时，回复与再结晶不容易发生，高密度的位错与亚结构更容易保持下来。因此，在 A_3 点以下的变形会促进贝氏体机械稳定化的产生，同时会产生较强的剪切织构。由于焊接接头600r/min-50mm/min前进侧冷却速度较快，焊接过程中的变形会在各个温度区间发生，在 A_3 点以下变形时会使组织中存在较多的位错与亚结构，从而促进贝氏体机械稳定化的发生，最终生成粒状贝氏体组织。而焊接接头600r/min-50mm/min搅拌区后退侧的冷却速度却十分缓慢，因此，在搅拌摩擦焊接过程中引入的位错与亚结构则通过回复与再结晶消失了。因此，贝氏体机械稳定化消失，最终生成了板条贝氏体，剪切织构也因为发生了贝氏体相变而消失了。当焊接行进速度由50mm/min增加到100mm/min时，由于搅拌工具的搅拌作用而产生的冷却速度不均匀性会减弱。因为在焊接接头600r/min-100mm/min搅拌区前进侧并没有发现有明显的变形痕迹，因此，该区域的冷却速度应该比焊接接头600r/min-50mm/min搅拌区前进侧低。当焊接参数为600r/min-100mm/min时，前进侧的冷却速度变慢，位错与亚结构很容易通过回复与再结晶而消失。此外，从该区域的ODF图也可以看出，该区域的剪切织构强度很弱，这也从另一方面说明了变形组织没有保留下来。因此，该区域并没有发生贝氏体机械稳定化，最终生成了大量的板条贝氏体。此外，后退侧的峰值温度较低，同时，由于搅拌工具的搅拌作用减弱，焊接接头600r/min-100mm/min后退侧的冷却速度增加，因此在该区域保存下来了大量的变形组织。从该区域的ODF图也可以看出，该区域有较强的剪切织构，这说明该区域保留下来了大量的变形组织，这些变形组织的存在促进了贝氏体机械稳定化的产生，从而使该区域产生了较多的粒状贝氏体组织。焊接接头 400r/min-100mm/min 的搅拌区主要含有板条贝氏体，整个焊接接头只存在少量的粒状贝氏体，同时剪切织构强度也相对较弱。当焊接转速由 600r/min 降低为 400r/min 时，搅拌区的变形速率与变形量也随之降低，向搅拌区引入的位错密度也同时降低。从图 4-6c 中可以清楚地看到，当 400r/min-100mm/min 焊接接头搅拌区存在一定的位错密度时，贝氏体板条依然可以顺利生长，因此我们可以断定，只有当位错与亚结构密度足够高时才能充分地抑制贝氏体板条的发展，也就是产生贝氏体机械稳定化作用。显而易见，400r/min-100mm/min 焊接接头搅拌区由于转速的降低没有

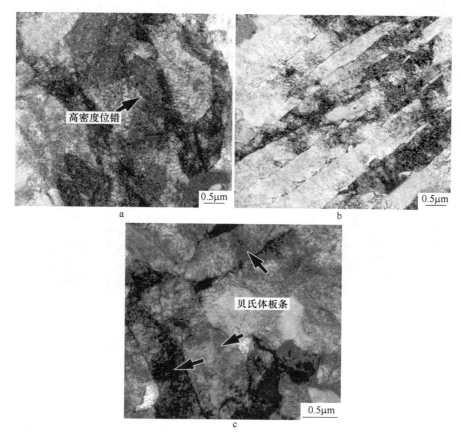

图 4-6　焊接接头 600r/min-50mm/min 前进侧（a）和
400r/min-100mm/min 搅拌区（b，c）透射组织

引入足够的位错密度，因此没有达到产生贝氏体机械稳定化的条件，最终搅拌区以板条贝氏体为主，只生成了少量的粒状贝氏体。此外，当焊接转速降低时，搅拌工具的搅拌作用进一步减弱，因此焊接接头 400r/min-100mm/min 前进侧的冷却速度进一步降低。最终导致了前进侧的晶粒明显比后退侧大，同时，较慢的冷却速度也使前进侧的变形组织更不容易保存下来，因此前进侧的剪切织构强度比后退侧明显较弱，如图 4-7a、b 所示。总而言之，搅拌区的微观组织转变过程与搅拌摩擦焊接过程中不同区域的峰值温度与冷却速度密切相关，而冷却速度会随着焊接参数的改变而发生变化。

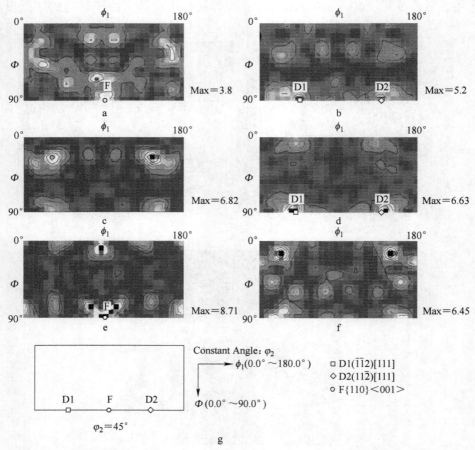

图 4-7　焊接接头 400r/min-100mm/min 前进侧（a）与后退侧（b）、600r/min-
100mm/min 前进侧（c）与后退侧（d）、600r/min-50mm/min 前进侧（e）
与后退侧（f）IPF 图及典型 bcc 材料剪切织构（g）

　　搅拌摩擦焊接过程中向搅拌区引入的位错与亚结构不但可以阻止贝氏体相变中的切变过程，而且还对贝氏体板条的形貌有重要影响[116~121]。从图4-3a、c中可以看到，在一个奥氏体晶粒内有很多贝氏体板条束，此外，贝氏体板条排列混乱且互相穿插。从透射照片（图4-8）中可以清楚地看到贝氏体板条互相交错的形貌。如图4-8a所示，一个板条束可以完全阻止另外一个板条束的生长。图4-8b中显示贝氏体板条的生长有时也会被另外一个板条束阻止，有时贝氏体板条可以插进另外一个板条里（图4-8d），有时贝氏体板条束可以完全穿过贝氏体板条束（图4-8d）。IPF图（图4-4）可以清楚地显示贝氏体板条排列混乱的情况。在贝氏体相变过程中，一个贝氏体板条束一般是从一个形核点处生长，而形核点一般位于奥氏体晶界处[131]。但是，在奥氏体状态下，组织中存在大量位错聚集的位置也可以作为贝氏体相变的形

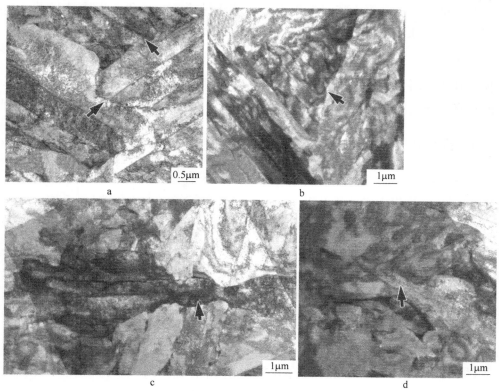

图4-8　焊接接头600r/min-100mm/min前进侧（a）与后退侧（b，c）
及焊接接头400r/min-100mm/min前进侧（d）典型的透射组织照片

核点。由于在搅拌摩擦焊接过程中，材料在奥氏体状态下的变形十分强烈，因此向搅拌区引入了很多的位错与亚结构，位错与亚结构聚集的位置也成为了贝氏体的相变点，因此晶内也成为贝氏体的相变点，并且数量较多。当形核点的数量较多时，贝氏体板条束在生长过程中会遇到其他正在生长的贝氏体板条束，最终导致了各个贝氏体板条束相互碰撞与穿插[116~121]。如图4-4c所示，这种现象在焊接接头600r/min-100mm/min前进侧十分明显。一般情况下，粗大的原始奥氏体晶粒内的贝氏体板条一般会比较长，甚至贯穿整个晶粒。但是由于在搅拌摩擦焊接过程中，搅拌区会引入大量的位错，这导致了其晶内也存在大量的形核点，因此，在尺寸较大的晶粒内会同时存在较多且较短的板条束，而不会出现很长甚至贯穿整个晶粒的板条束，在焊接接头600r/min-50mm/min搅拌区后退侧就会观察到这种情况。综合以上情况所述，当搅拌区中位错密度极高时会发生贝氏体机械稳定化现象，生成粒状贝氏体组织；当搅拌区中位错密度较低时，贝氏体板条会充分地生长，生成板条贝氏体组织；当搅拌区中位错密度适中时，贝氏体的形核点数量较多，贝氏体板条在生长过程中会受到其他贝氏体板条的影响，最终生成的贝氏体板条之间存在严重的相互碰撞、穿插。

4.4　搅拌区冲击韧性研究

在传统熔焊管线钢过程中，粗晶热影响区的存在会严重降低焊接接头的冲击韧性。因此很多学者采用搅拌摩擦焊接技术来完成管线钢的焊接，并且成功地避免了粗晶热影响的产生。但是当使用PCBN作为搅拌工具时，在搅拌区的前进侧生成了典型板条贝氏体组成的一个区域，该区域的贝氏体板条很细小且硬度很高，因此被称为"硬区"。冲击测试结果表明，"硬区"的存在会严重降低焊接接头的冲击韧性，且在低温下冲击韧性的降低更为明显[66,69]。Santos等人[65]用搅拌摩擦焊接完成了X80管线钢的焊接，焊接接头的冲击韧性在低热输入量情况下十分优异，但是作者只测试了搅拌区中间位置的冲击韧性，而"硬区"的存在被作者忽略了。在我们的实验中，并没有发现前进侧存在"硬区"，反而在焊接接头600r/min-50mm/min搅拌区前进侧发现了粒状贝氏体。由于本次试验中采用的搅拌工具材料为W-Re合金，并没有采用PCBN，因此搅拌工具材料对"硬区"的形成有重要的作用。Ozekcin 等人[64]在利用 PCBN 搅拌工具焊接低碳微合金钢时发现焊接接头中 B 的含量比母材中的高。Park 等人[133]在利用 PCBN 搅拌工具焊接不锈钢时发现搅拌区中由于 B 元素含量的提高而生成了硼化物。此外，在本次实验中也发现了搅拌区前进侧某位置的钨含量为 2.1%，明显比母材高很多，如图 4-9 所示。因此，我们可以断定，在搅拌摩擦焊接钢铁材料时，由于焊接过程中的温度较高，搅拌工具中的元素很容易扩散到搅拌区中。在使用 PCBN 搅拌工具焊接管线钢时，搅拌工具中的 B 元素不可避免地会扩散到搅拌区中。根据之前的报道，微量的 B 元素便可以剧烈地改变低碳微合金钢的微观组织。在相变过程中，微量的 B 元素可以很轻易地分布到奥氏体晶粒边界处，抑制了奥氏体向铁素体的转变。根据报道，微量的 B 元素可以极大地抑制珠光体与铁素体的产生，扩大贝氏体与马氏体的生成冷却区间，促进贝氏体与马氏体的生成[132,134~136]。由此可知，当使用 PCBN 搅拌工具焊接低碳微合金管线钢时，搅拌工具中微量的 B 元素会扩散到搅拌区中，促进搅拌区产生贝氏体或者马氏体组织。在本次实验中使用了 W-Re 合金搅拌工具，铁素体的产生没有了 B 元素的抑制，因此搅拌区前进侧的组织在强变形、高冷却速度下生成了粒状贝氏体组织。

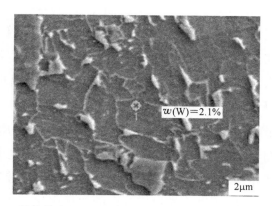

$w(W)=2.1\%$

$2\mu m$

图 4-9　焊接接头 600r/min-50mm/min 前进侧钨含量测试结果

　　表 4-1 为焊接接头各个位置与母材的 -20℃ 冲击韧性测试结果。如表所示，母材的冲击韧性为 213.3J/cm²，焊接接头 600r/min-50mm/min 搅拌区前进侧与焊接接头 600r/min-100mm/min 后退侧冲击韧性分别为 39.2J/cm² 与 17.5J/cm²，与母材相比出现了严重的下降。焊接接头的其他位置冲击韧性良

好，尤其是焊接接头 400r/min-100mm/min 时，整个搅拌区的冲击韧性都十分优异，几乎与母材相同。

表 4-1 焊接接头搅拌区各个位置的-20℃冲击韧性

冲击 V 形缺口位置	冲击韧性/J·cm^{-2}			平均值/J·cm^{-2}
母材	205	220	215	213.3
400r/min-100mm/min AS	235	207.5	187.5	210
400r/min-100mm/min RS	180	190	220	196.7
600r/min-100mm/min AS	225	235	220	226.7
600r/min-100mm/min RS	20	12.5	20	17.5
600r/min-50mm/min AS	47.5	40	30	39.2
600r/min-50mm/min RS	155	195	175	175

焊接接头的冲击韧性受到很多因素的影响，比如晶粒大小、第二相的尺寸与含量，尤其是大小角度晶界对冲击韧性的影响较大。一般情况下，我们认为取向差大于 15°的晶界可以有效阻止裂纹的扩展。此外也有学者指出：只有取向差大于 45°的晶界才可以有效地延迟裂纹的扩展，提高组织的韧性[137]。因此，我们把取向差在 15°~45°之间的晶界定义为"中角度晶界"，把取向差大于 45°的晶界定义为"大角度晶界"。图 4-10 为焊接接头各个位置的晶界分布情况。图 4-11 为晶界分布的统计图。据报道，板条贝氏体内部的大角度晶界往往会在不同的板条束之间存在。图 4-10 也显示出，在不同的板条束之间存在大角度晶界，而在粒状贝氏体内部没有出现中角度与大角度晶界。此外，可以看出晶界主要是由中角度晶界构成。由于焊接接头 600r/min-100mm/min 前进侧在贝氏体相变过程中引入了大量的形核点，导致了贝氏体板条束的分布非常混乱，因此其大角度晶界的分布也十分混乱，而其他位置的贝氏体板条相对较直，因此其大角度晶界也相对较直，如图 4-10 中白色箭头所示。图 4-12 为冲击端口横截面的扫描照片，从中可以清楚地观察到裂纹的扩展路径。如图 4-12a 所示，焊接接头 400r/min-100mm/min 前进侧的裂纹在扩展过程中遇到了与之相邻的板条贝氏体时，裂纹的扩展方向必须改变以适应新的取向。在焊接接头 600r/min-100mm/min 搅拌区的前进侧也发现了类似的现象（图 4-12d）；此外，由于该位置的板条束排列比较混乱，因此裂纹在扩展时，扩展方向变换的频率非常高，如图 4-12c 所示，这

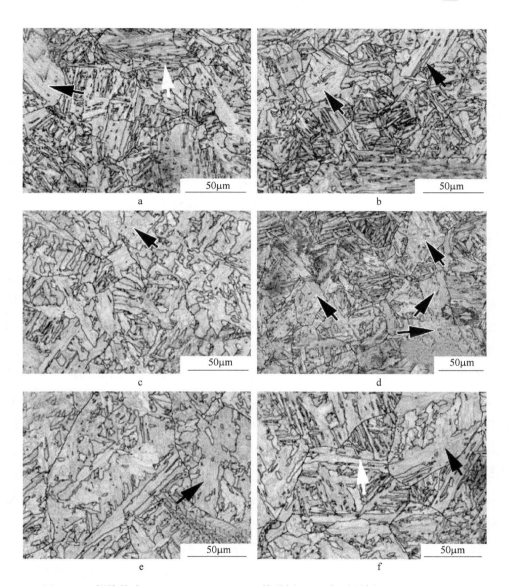

图4-10　焊接接头 400r/min-100mm/min 前进侧（a）与后退侧（b）、600r/min-
100mm/min 前进侧（c）与后退侧（d）、600r/min-50mm/min
前进侧（e）与后退侧（f）晶界分布示意图

会消耗更多的能量，同时也会极大地提高冲击韧性。这种曲折的裂纹扩展路径也出现在焊接接头 600r/min-50mm/min 搅拌区的后退侧，如图4-12d 所示。由此可见，大量的贝氏体板条束可以有效地阻止裂纹的扩展并提高组织

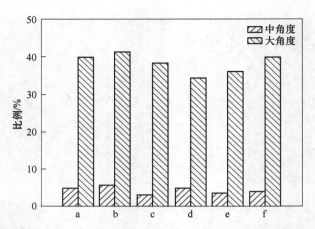

图4-11 焊接接头400r/min-100mm/min、600r/min-100mm/min 和600r/min-50mm/min
前进侧（a，c，e）与后退侧（b，d，f）晶界百分比分数统计结果

的冲击韧性。此外，从图4-12a 中可以看出，当贝氏体板条束比较长时，虽然裂纹遇到板条束会改变方向，但是裂纹改变方向后却沿着直线扩展。而当板条排列混乱时，裂纹必须多次改变扩展方向。由此我们可以断定，这种具有混乱结构的板条贝氏体的冲击韧性最佳。如图4-12b 中的箭头所示，当裂纹遇到晶界时便会停止扩展，或者沿着晶界的方向发生偏转，最后沿着晶界扩展。但是，根据 EBSD 统计的结果显示：中角度晶界的比例很小。因此，晶界在提高组织冲击韧性中的作用应该是比较小的。此外，大角度晶界的含量与冲击韧性之间并没有直接的关系。焊接接头 600r/min-100mm/min 前进侧的高角度晶界比例为 38.4%，比焊接接头 400r/min-100mm/min 搅拌区前进侧与后退侧的都要低，但是焊接接头 600r/min-100mm/min 前进侧的冲击韧性却是最好的。此外，焊接接头 600r/min-50mm/min 搅拌区前进侧与焊接接头 600r/min-100mm/min 搅拌区后退侧大角度晶界比例与其他位置的大角度晶界比例并无太大差别，但是这两个位置的冲击韧性却出现了急剧的恶化。如图4-12f 所示，在焊接接头 600r/min-100mm/min 搅拌区后退侧存在大量的粒状贝氏体，裂纹在粒状贝氏体内扩展时沿直线传播，裂纹扩展方向没有发生任何的变化。此外，在粒状贝氏体大量存在的情况下，板条贝氏体也失去了裂纹扩展的阻碍作用，如图4-12g 所示，裂纹沿直线直接穿过了板条贝氏体，扩展方向没有发生任何的偏转，这与其他位置所观察到的现象截然不同。

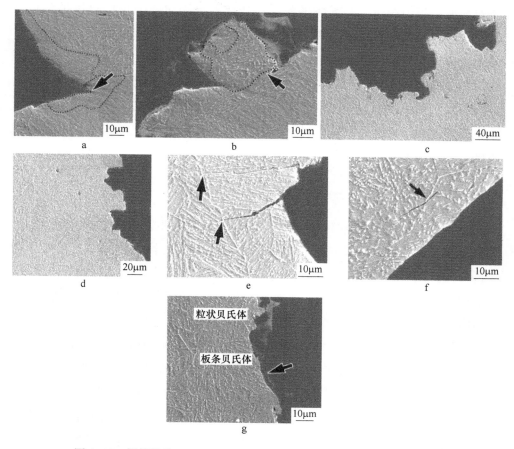

图 4-12 焊接接头 400r/min-100mm/min 前进侧（a）与后退侧（b）、
焊接接头 600r/min-100mm/min 前进侧（c）、焊接接头 600r/min-
50mm/min 后退侧（d，e）与焊接接头 600r/min-100mm/min
后退侧（f，g）裂纹扩展路径照片

图 4-12f 中显示，当相邻的两个晶粒都是粒状贝氏体时，晶界也失去了对裂纹扩展的阻碍作用，裂纹可以轻松地穿过晶界。根据 Lan 等人[138]的报道，冲击功分为两部分，一部分为裂纹的生成功，另一部分为裂纹的扩展功。在粒状贝氏体内部，由于没有存在大角度晶界，微裂纹很容易萌生并扩展，最后相互合并，然后迅速导致解理断裂的发生。这种情况导致了裂纹的生成功很容易满足，并且导致了初期的裂纹扩展，这时大角度晶界的存在对裂纹的扩展起到的作用很小，简而言之，这时候冲击功主要受到裂纹生成功的控制。

显而易见，当组织中存在大量的粒状贝氏体时，裂纹不但可以迅速地生成并扩展，而且板条贝氏体与晶界也会失去对裂纹扩展的阻碍作用。由此可见，焊接接头 $600r/min-50mm/min$ 搅拌区前进侧与 $600r/min-100mm/min$ 搅拌区后退侧存在的大量粒状贝氏体严重地降低了组织的冲击韧性。由于焊接接头其他位置主要由板条贝氏体组成，因此具有优异的冲击功。为了获得具有优异冲击韧性的焊接接头，我们应该避免贝氏体机械稳定化的产生，从而避免焊接接头出现大量的粒状贝氏体。

4.5　本章小结

本章主要总结了使用 W-Re 合金搅拌工具搅拌摩擦焊接 X100 管线钢时，焊接参数对搅拌摩擦焊接接头搅拌区微观组织转变的影响，并重点研究了焊接接头搅拌区的微观组织与冲击韧性之间的关系。最终得出结论如下：

（1）搅拌摩擦焊接过程中，搅拌区前进侧与后退侧的冷却速度与峰值温度分布不均匀，这种不均匀性对搅拌区组织的微观组织转变过程有重要的影响。

（2）在焊接接头 $600r/min-50mm/min$ 的前进侧与焊接接头 $600r/min-100mm/min$ 的后退侧生成了大量的粒状贝氏体与强烈的剪切织构；焊接接头搅拌区其他位置主要生成了板条贝氏体，且剪切织构的强度较弱。

（3）在高转速或者低焊接行进速度下，由于搅拌工具的搅拌作用，在前进侧被加热的金属被快速带到后退侧并在后退侧冷却，这导致了搅拌区前进侧的冷却速度比后退侧的快。这种作用会随着焊接转速的降低或者焊接行进速度的提高而减弱。

（4）搅拌区中粒状贝氏体的生成是由于在搅拌摩擦焊接过程中，材料在 A_3 点以下发生了变形，高密度的位错与大量的亚结构保存了下来，从而阻止了贝氏体相变中的切变过程，最终生成了粒状贝氏体。

（5）冲击测试结果表明：焊接接头 $400r/min-100mm/min$ 整个搅拌区的冲击韧性十分优异，几乎与母材相同。而 $600r/min-50mm/min$ 的前进侧与焊接接头 $600r/min-100mm/min$ 的后退侧，由于生成了大量的粒状贝氏体导致其冲击韧性急剧降低。

（6）当焊接接头搅拌区中存在大量的粒状贝氏体时，板条贝氏体也会失去对裂纹扩展的阻碍能力。

5 AISI 201 奥氏体不锈钢搅拌摩擦加工焊接接头搅拌区微观组织转变及力学性能研究

　　奥氏体不锈钢因具有良好的耐腐蚀性能与一定的强度而被应用在各行各业中。根据美国钢铁协会的分类，奥氏体不锈钢分为 200 系（Fe-Cr-Ni-Mn-N 系，$w(Mn) \geqslant 2\%$）与 300 系（Fe-Cr-Ni 系，$w(Mn) \leqslant 2\%$）[139]。AISI 201 是典型的 200 系奥氏体不锈钢，该系列中氮元素与锰元素用来替换价格昂贵的镍元素。氮元素不但可以提高奥氏体钢的强度与冲击韧性，还可以提高组织的抗腐蚀性能。此外，氮元素的加入可以减少镍元素的使用量，从而降低不锈钢的价格。根据报道，AISI 201 的价格仅为 316L 奥氏体不锈钢的三分之一[140]。奥氏体不锈钢在传统熔焊过程中会面临很多的难题，比如焊缝对热裂纹十分敏感，元素在焊接过程中会存在烧损、焊缝区组织严重长大、有害相析出等[141,142]。为了避免以上问题，很多学者利用搅拌摩擦焊接来完成奥氏体不锈钢的焊接并取得了高质量的焊接接头。本章的内容重点介绍了 AISI 201 奥氏体不锈钢在搅拌摩擦加工过程中焊接接头搅拌区的微观组织转变过程。

5.1 实验材料与工艺

　　实验过程中采用了 4.4mm 厚的 AISI 201 奥氏体不锈钢，材料的化学成分如表 5-1 所示。焊接过程中首先固定焊接行进速度为 100mm/min，焊接转速分别为 500r/min、800r/min、1000r/min，然后固定焊接转速为 1000r/min，焊接行进速度设定为 50mm/min。焊接过程中使用的搅拌工具为 W-Re 合金，轴肩直径为 20mm，搅拌针长为 3mm，在轴肩与搅拌针上存在螺纹。焊接过程中，搅拌工具的前倾角设定为 3°。焊接接头的金相组织观察从垂直于焊接方向的位置取样。金相组织与电子扫描组织观察的试样用 10% 的草酸与 90% 水混合而成的溶液电解制备，电解过程中的电压为30V。搅拌区的织构与相组成用EBSD技术测定。EBSD试样用10%高氯酸与90%酒精的混合溶液电解抛光制备，电解过程中的电压设定为30V。EBSD的测定位置分别位于搅拌区的前进侧与后退侧，具体位置如图5-1b中的正方形所示。元素分布的测定使用JEOL5853型电子探针来完成，该设备还配备有能谱（EDS）分析。透射试样的制备方法为电解双喷，双喷液为含有10%高氯酸的酒精溶液。焊接接头横截面的硬度测试位置位于距上表面1mm的位置。拉伸试样的取样位置及拉伸试样的尺寸如图5-2所示，拉伸试验中采用的拉伸速度为1mm/s。

表 5-1   母材的化学成分   （%）

C	Si	Mn	Si	Cr	Ni	Mo	Cu	N	Fe
0.067	0.42	8.2	0.376	18.3	4.82	0.02	1.82	0.175	Bal.

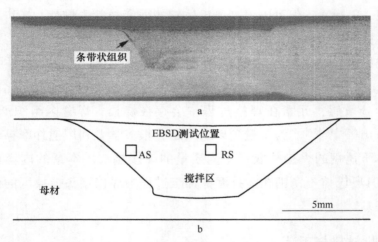

图 5-1   焊接接头 1000r/min-100mm/min 的典型形貌（a）和轮廓图（b）

5.2   AISI 201 奥氏体不锈钢焊接接头宏观形貌分析

AISI 201 奥氏体不锈钢母材由粗大的多边形晶粒构成，晶粒大小在30~80μm之间，在晶粒内可以观察到明显的退火孪晶（图5-3）。图5-1a为典型的焊接接头1000r/min-100mm/min宏观形貌。我们可以把整个焊接接头分为三个部分：搅拌区（stir zone, SZ）、热机械影响区（thermo-mechanically affected zone, TMAZ）与母材（base metal, BM），如图5-1b所示。焊接接头

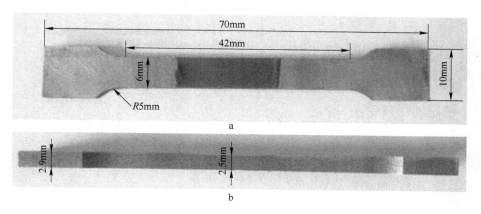

图 5-2 拉伸试样的尺寸

a—正面；b—侧面

中没有发现明显的热影响区，整个搅拌区呈典型的"盆型"。此外，焊接接头 1000r/min-100mm/min 搅拌区的前进侧与热影响区的交界处存在一条带状组织，如图 5-1a 所示。图 5-4a 清楚地显示了此条带状组织的形貌，同时在其旁边还发现了孔洞缺陷，如图 5-4b 所示。

图 5-3 母材的扫描组织

5.3 搅拌区的动态再结晶机制

在搅拌摩擦焊接/加工过程中，搅拌区的金属会在高温下发生强烈的塑性变形，这将导致搅拌区发生强烈的再结晶。EBSD 测试结果可以用来识别 AISI 201奥氏体不锈钢搅拌摩擦加工搅拌区组织的再结晶机制。图 5-5 为晶

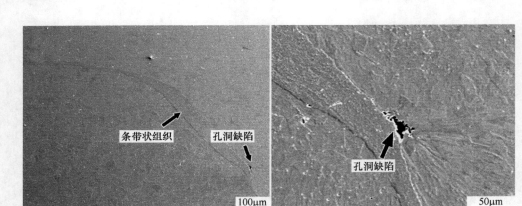

图 5-4 条带状组织的宏观形貌 (a) 和焊接接头 1000r/min-
100mm/min 中出现的孔洞缺陷 (b)

界特征图，图中小角度晶界（2°~15°）用细线表示，大角度晶界（>15°）用粗线表示。此外，图中分布着点状的 δ-铁素体，如图中的灰色点。图 5-6 为小角度晶界与大角度晶界的统计结果。如图 5-6 所示，焊接接头 800r/min-100mm/min 搅拌区前进侧的小角度晶界所占的比例高达 43.3%，远远高于其他位置，在这个位置还可以观察到由小角度晶界组成的亚结构（图 5-5b）。而焊接接头 1000r/min-100mm/min 搅拌区前进侧的小角度晶界比例仅为 8.9%，在这个区域只有少量的亚结构（图 5-5c）。图 5-7 为焊接接头 800r/min-100mm/min 搅拌区前进侧与后退侧与焊接接头 1000r/min-100mm/min 搅拌区前进侧的 IPF 图与 ODF 图。

如图 5-7a、b 中的黑色箭头所示，亚晶粒通过不断的聚集与旋转最终会转变为大角度晶界，这是典型的连续动态再结晶机制。此外，如图 5-7a、b 中白色箭头所示，该位置可以发现比较细小的多边形晶粒，这种晶粒的内部没有观察到小角度晶界。这种组织分布形式被称为链状分布，一般发源于变形晶粒的晶界处并向没有发生再结晶的区域扩展，这是不连续动态再结晶的初始阶段的特征[143~145]。如图 5-7 所示，焊接接头 800r/min-100mm/min 前进侧的织构为旋转立方织构与较弱的剪切织构 A1* 与 A2*，而后退侧的织构主要是剪切织构 B、-B、A 与 -A，旋转立方织构（rotated cube）焊接接头 1000r/min-100mm/min 搅拌区前进侧，织构主要是旋转立方织构，剪切织构

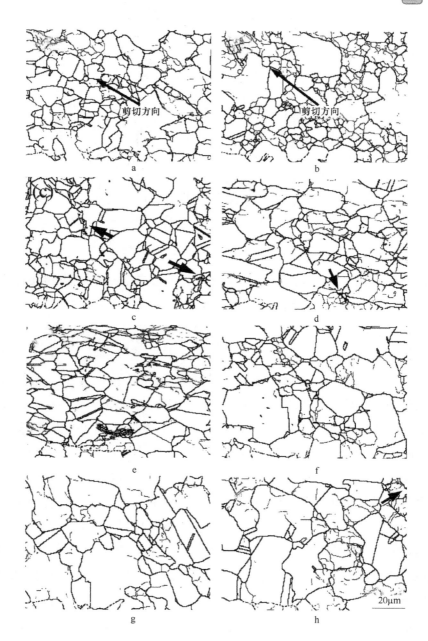

图 5-5　搅拌区各个位置的大小角度晶界分布示意图

a—500r/min-100mm/min，AS；b—800r/min-100mm/min，AS；c—1000r/min-100mm/min，AS；

d—1000r/min-50mm/min，AS；e—500r/min-100mm/min，RS；f—800r/min-100mm/min，RS；

g—1000r/min-100mm/min，RS；h—1000r/min-50mm/min，RS

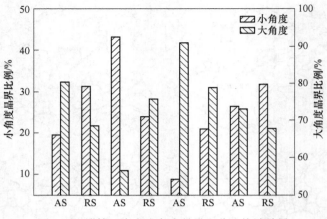

图5-6 搅拌区中大小角度晶界百分比统计结果

强度很弱。研究表明：奥氏体不锈钢在发生回复或者连续动态再结晶时会产生剪切织构，当发生不连续动态再结晶时会产生旋转立方织构[142]。根据以上分析，我们发现搅拌区的再结晶类型是由连续动态再结晶与不连续动态再结晶共同控制的。如图5-5a、b所示，由不连续动态再结晶产生的晶粒十分细小且分布在原晶粒的晶界处，这是一种典型的链状结构，表示不连续动态再结晶处于初始阶段。因此我们可以断定，焊接接头500r/min-100mm/min与800r/min-100mm/min前进侧不连续动态再结晶都处于初始阶段。此外，焊接接头800r/min-100mm/min的前进侧存在大量的小角度晶界，这说明该位置的不连续动态再结晶也处于初始阶段。而焊接接头1000r/min-100mm/min前进侧含有大量的多边形晶粒，且这种晶粒的内部小角度晶界含量极低，小角度晶界的比例仅为8.9%，此外，该区域的织构以旋转立方织构为主（图5-7c）。这说明该位置的再结晶机制以不连续动态再结晶为主，且动态再结晶已经完成。比较细小的多边形晶粒与含有少许小角度晶界的粗大晶粒都可以在焊接接头1000r/min-50mm/min搅拌区前进侧观察到（图5-5d）。这说明该位置的不连续动态再结晶处于初始状态，而连续动态再结晶已经完成，因为绝大部分的小角度晶界应该转变为大角度晶界。同理，从图5-5e~h中我们可以发现，搅拌区后退侧的主要再结晶机制为不连续再结晶。

研究表明：材料本身的特征对再结晶类型有重要的影响，尤其是层错能。在高层错能材料中，位错的攀移过程可以快速完成，这导致在再结晶之前很

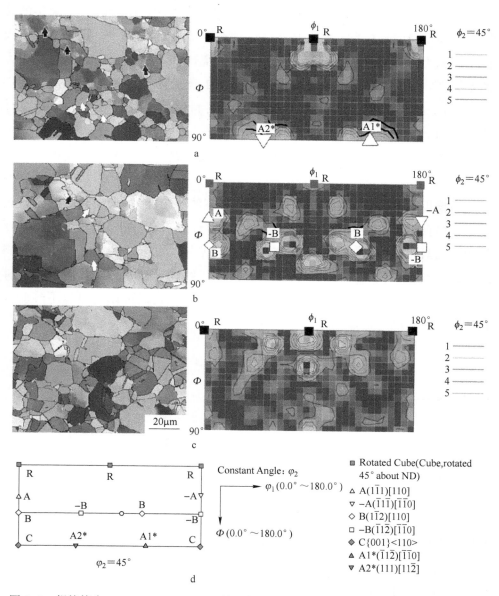

图 5-7 焊接接头 800r/min-100mm/min 前进侧（a）与后退侧（b）、焊接接头 1000r/min-100mm/min 前进侧（c）的 IPF 图与 ODF 图和理想的 FCC 剪切织构（d）

容易发生回复。因此，对于高层错能金属，比如铁素体不锈钢、铝合金、IF 钢等，不连续动态成为主要的再结晶机制。对于低层错能金属，位错的攀移与移动十分困难，位错很难成规则排列，从而使亚结构很难形成，最后导致位错聚集在组织内部，等位错的聚集达到一定密度时，便会在位错聚集的位置形成新晶粒的形核点，这就是不连续动态再结晶的机制[88]。据报道，奥氏体不锈钢为中或低层错能金属，但是不同的奥氏体不锈钢层错能也具有很大的差异[146,147]。为了计算本次实验中 AISI 201 奥氏体不锈钢的层错能，我们根据 Scharam 等人[148]的理论计算出了实验材料的层错能（mJ/m²），具体计算过程如下：

$$SFE = -53 + 6.2(\%Ni) + 0.7(\%Cr) + 3.2(\%Mn) + 9.3(\%Mo)$$

$$(5-1)$$

根据以上的公式，AISI 201 奥氏体不锈钢的层错能为 16.634mJ/m²。理论上，在搅拌摩擦焊接过程中，不连续动态再结晶应该是 AISI 201 奥氏体不锈钢的再结晶机制，这与实验结果存在很大的差异。此外，变形条件也对材料的再结晶类型有重要的影响，为此我们需要了解在搅拌摩擦焊接过程中搅拌区材料的变形速率与变形温度。根据之前的研究，我们可以通过以下经验公式估算出材料的变形速率：

$$\dot{\varepsilon} = \frac{R_m 2\pi r_e}{L_e}$$

$$(5-2)$$

式中 $\dot{\varepsilon}$ ——变形速率；

R_m ——材料平均流动速率，一般认为是转速的一半；

r_e，L_e ——分别为搅拌区中再结晶区的半径与深度。

焊接过程中的峰值温度可采用下式估算：

$$\frac{T_p}{T_m} = K\left(\frac{\omega^2}{v \times 10^4}\right)^\alpha$$

$$(5-3)$$

式中 T_p ——焊接过程中的峰值温度，℃；

T_m ——材料的熔点，℃；

ω ——焊接转速；

v ——焊接行进速度；

α，K ——常数[3]。

由以上两式可知，焊接过程中峰值温度会随着转速的提高或者焊接行进速度的降低而升高，焊接过程中的变形速率会随着焊接转速的提高而提高。此外，在不同的焊接条件下，材料的特性也会改变。在高温下，材料的层错能会升高，这会导致回复过程更容易进行[144]。在搅拌摩擦焊接过程中，焊接过程中的峰值温度可以高达 1200℃，远高于常规热变形研究中的温度。因此，搅拌摩擦焊接过程中的高温促进了回复过程的发生，位错通过回复过程聚集到一起，形成小角度晶界，小角度晶界再通过一定的转动形成大角度晶界，从而完成连续动态再结晶的过程。Jeon 等人[143]指出：当焊接参数为 600r/min-50mm/min 时，搅拌区的再结晶机制主要是连续动态再结晶。Hanjian 等人[88]发现当焊接参数为 315r/min-63mm/min 时，搅拌区会出现少量的连续动态再结晶晶粒；而当焊接转速降低为 200r/min 时，连续动态再结晶晶粒消失，搅拌区主要由不连续再结晶晶粒组成。

以上的组织观察说明，在焊接接头 500r/min-100mm/min 与 800r/min-100mm/min 前进侧部分组织发生了不连续动态再结晶，而焊接接头 1000r/min-100mm/min 前进侧的再结晶机制以不连续动态再结晶为主。显而易见，搅拌区前进侧与后退侧的再结晶机制存在巨大的差别。在搅拌摩擦焊接过程中，前进侧的变形速率要高于后退侧，因此前进侧位错的产生速率也要高于后退侧。虽然搅拌区的峰值温度会随着焊接转速的提高而升高，但是当转速达到某一临界值时，焊接过程中的温度不会再随着转速的提高而升高，这种现象已经报道过[149]。因此我们可以推断，随着转速的提高，变形速率的提高会逐渐大于温度的升高速率。这导致了焊接接头 500r/min-100mm/min 与 800r/min-100mm/min 中前进侧某些位置，位错的产生速率大于消失速率，且在焊接接头 1000r/min-100mm/min 中更加明显。当某一位置的位错密度达到某一值时，会形成形核点，进而发生不连续动态再结晶，位错通过新晶粒的长大而消失。如图 5-8 中的箭头所示，变形组织被新形成的内部无位错的不连续动态再结晶晶粒所包围，这说明变形组织与位错是依靠发生不连续动态再结晶而消失的。在搅拌摩擦焊接过程中，与剪切方式平行的组织变形程度最强烈，因此，不连续动态再结晶的晶粒一般与剪切方向平行，如图 5-5a、b 中的长箭头所示。很明显，在焊接接头 500r/min-100mm/min 与 800r/min-100mm/min 前进侧发生了部分不连续动态再结晶，而焊接接头 1000r/min-100mm/min 前进侧则以不连续动态再结晶为主。Puli 等人[90]指出：在搅拌摩擦焊接 316L 奥氏体不锈钢过程中，当焊接参数为 1200r/min-120mm/min 时，搅拌区的再结晶机制主要是不连续动态再结晶。这说明，在焊接行进速度为

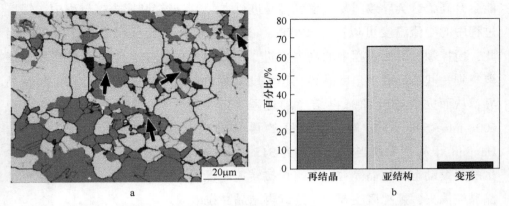

图 5-8　再结晶、亚结构与变形晶粒的分布情况（a）与百分比（b）

100mm/min、焊接转速超过 1000r/min 时，焊接接头前进侧组织的再结晶机制以不连续动态再结晶为主。如图 5-5d 所示，在焊接转速为 1000r/min、焊接行进速度降低为 50mm/min 时，焊接接头前进侧的再结晶机制主要是以连续动态再结晶为主。在搅拌摩擦焊接过程中，当焊接速度降低时，冷却速度也会随之降低，这意味着搅拌区的组织要在高温段停留更长的时间，这无疑会促进材料的回复过程，进而促进连续动态再结晶的发生。搅拌区的后退侧在搅拌摩擦焊接过程中的变形速率要比前进侧低很多，此外，由于搅拌工具的搅拌作用，后退侧的冷却速度也比较慢[122]。后退侧的组织在高温段会停留更长的时间，因此所有焊接接头的后退侧都是以连续动态再结晶为主。Hajian等人[88]指出：在搅拌摩擦焊接 316L 奥氏体不锈钢的过程中，当焊接参数为200r/min-63mm/min 时，搅拌区的再结晶机制是不连续再结晶。这很可能是由于在焊接过程中转速较低，因此峰值温度也比较低，位错很难移动，亚晶界很难形成，位错很容易累积，从而形成不连续动态再结晶的形核点。综上所述，在搅拌摩擦焊接过程中，搅拌区的晶粒大小及类型会随着焊接参数及具体位置的改变而改变。

表 5-2 为搅拌摩擦焊接奥氏体不锈钢中关于再结晶机制的报道总结。从以上的分析可知：焊接参数为 100mm/min 左右时，如果转速超过 800r/min 或者低于 200r/min，焊接接头前进侧的再结晶机制会以不连续动态再结晶为主；当焊接转速位于 200~800r/min 之间时，焊接接头前进侧会同时发生连续动态再结晶与不连续动态再结晶。此外，由于后退侧的变形速率较低、冷却速度

较低，这导致后退组织的再结晶机制会以连续动态再结晶为主。由于降低焊接速度会降低焊接过程中的冷却速度，因此，降低焊接速度会促进搅拌区的组织发生连续动态再结晶。

表 5-2 搅拌摩擦焊接奥氏体不锈钢再结晶机制报道总结

原始材料		焊接参数		DRX	文献
牌号	板厚/mm	转速/r·min⁻¹	焊接速度/mm·min⁻¹		
316L	2	200	63	CDRX	[88]
316L	2	315	63	DDRX	
316L	1.2	1200	180	DDRX	[90]
304L	2	630	80	CDRX	[142]
316L	5	600	50	DDRX	[143]

注：CDRX 为连续动态再结晶（continuous recrystallization），DDRX 为不连续动态再结晶（discontinuous recrystallization）。

5.4 搅拌区的晶粒细化研究

如图 5-5a~h 所示，当焊接行进速度为 100mm/min、焊接转速在 500~1000r/min 之间变化时，在前进侧与后退侧的晶粒并没有出现太大的变化。当焊接行进速度降低为 50mm/min 时（转速 1000r/min），搅拌区的晶粒出现了明显的粗化。此外，搅拌区后退侧的晶粒明显比前进侧的晶粒粗大。图 5-9 为焊接接头前进侧相同位置、相同面积下，晶粒尺寸小于 4μm 的统计结果。

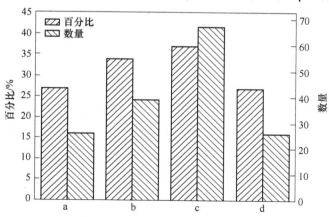

图 5-9 焊接接头 500r/min-100mm/min（a）、800r/min-100mm/min（b）、1000r/min-100mm/min（c）、1000r/min-50mm/min（d）小于 4μm 晶粒的百分比与数量

Miyano 等人[89]与 Hajian 等人[88]在搅拌摩擦焊接奥氏体不锈钢的过程中发现，搅拌区的晶粒会随着转速的提高或者焊接速度的降低而变大，这与我们的研究有很大不同。很多研究认为，搅拌区晶粒大小可以用 Z（Zener-Holloman）参数来预测，即：

$$Z = \dot{\varepsilon}\exp[Q/(RT)] \tag{5-4}$$

式中　T——温度；

　　　$\dot{\varepsilon}$——变形速率；

　R，Q——一般认为是常数。

该式反映了 Z 参数与变形速率及变形温度之间的关系。一般认为，当 Z 参数比较高时，经过热变形的组织晶粒比较细小[150]。根据式（5-2）与式（5-3），在搅拌摩擦焊接过程中，变形速率与峰值温度都会随着转速的提高而提高，因此当转速从 500r/min 上升到 1000r/min 时，Z 参数很可能没有太大变化，搅拌区相同位置的晶粒也没有太大变化。但是当焊接速度从 100mm/min 降低到 50mm/min 时（1000r/min），峰值温度明显升高，而变形速率却没有改变，因此 Z 参数变小，搅拌区的晶粒变大。此外，由于奥氏体不锈钢的热导率较低，因此搅拌摩擦焊接过程中，焊接接头的冷却速度较慢，此现象在焊缝中心尤为明显，这也使后退侧的晶粒进一步粗化。

前进侧的变形速率比较高，这会导致 Z 参数比较大，因此，前进侧的晶粒也比较细小。从图 5-5a~d 中可以看出，搅拌区前进侧晶粒大小分布很不均匀，内部没有位错的晶粒是发生不连续动态再结晶后生成的，这种晶粒比较小，而通过发生连续动态再结晶生成的晶粒比较大。从图 5-9 中可以看出，焊接接头 1000r/min-100mm/min 前进侧的晶粒明显比其他焊接接头的晶粒小，并且该位置还有较多的小尺寸晶粒。因此，当焊接转速超过 800r/min 后，增加焊接转速会使搅拌的晶粒明显变小。Mehranfar 等人[91]在搅拌摩擦焊接超级奥氏体不锈钢时发现：当焊接转速为 2600r/min 时，在焊接接头的表面会产生一层纳米级的晶粒。由此可见，通过提高转速可以使搅拌区的再结晶机制变为不连续动态再结晶，从而细化晶粒。由于随着焊接参数的调节，搅拌区的再结晶机制会发生改变，因此，很难建立起 Z 参数与搅拌区晶粒大小之间的关系。

图 5-10 为各个搅拌区中典型的透射组织照片。如图 5-10a~c 所示，在

焊接接头 500r/min−100mm/min、800r/min−100mm/min、1000r/min−100mm/min 的前进侧都可以发现高密度的位错。如图 5−10a 中黑色箭头所示，一个内部没有位错的小尺寸晶粒通过吞并周围的高密度位错组织长大，这是典型的不连续动态再结晶晶粒，类似的晶粒也可以在焊接接头 1000r/min−100mm/min 前进侧发现，如图 5−10c 所示。在图 5−10c 中还可以发现，位错在向亚晶界处聚集，这是典型的连续动态再结晶的特征，如图中白色箭头所示。由于焊接接头 500r/min−100mm/min 与 800r/min−100mm/min 前进侧的再结晶过程没有彻底完成，因此在搅拌区中留下了大量位错。由于焊接接头 1000r/min−100mm/min 前进侧不连续动态再结晶已经完成，因此位错密度也随之降低。而焊接接头 1000r/min−50mm/min 与所有焊接接头的后退侧冷却速度比较慢，因此回复与连续动态再结晶有充足的时间进行，有大量的位错因此而消失，位错密度大大降低，具体如图 5−10d、e 所示。

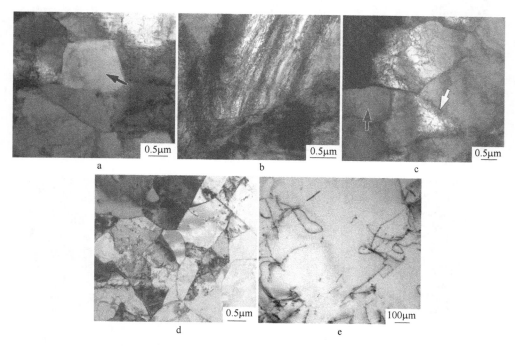

图 5−10　焊接接头 500r/min−100mm/min（a）、800r/min−100mm/min（b）、
1000r/min−100mm/min（c）、1000r/min−50mm/min（d）前进侧及焊接
接头 500r/min−100mm/min 后退侧（e）典型的透射组织照片

5.5 搅拌区中的 δ-铁素体

如图 5-5a~h 所示，在焊接接头 800r/min-100mm/min、1000r/min-100mm/min 和 1000r/min-50mm/min 前进侧可以发现很多条状的 δ-铁素体，但是在后退侧只有极少量的 δ-铁素体，此外，在焊接接头 500r/min-100mm/min 搅拌区中没有发现 δ-铁素体。如图 5-4 所示，在焊接接头 1000r/min-100mm/min 前进侧搅拌区与热机械影响区之间存在条状组织，如图 5-11a 所示。经过 EBSD 鉴定，该条状组织中含有约 6.5% 的 δ-铁素体，明显高于其他区域，如图 5-11c 所示。从该区域的透射照片可以看出，该区域条状的 δ-铁素体处于奥氏体晶粒的边界处。图 5-12 为条带状组织中 δ-铁素体、奥氏体的 45° 的 ODF 图、典型的 BCC 剪切织构与退火织构图。

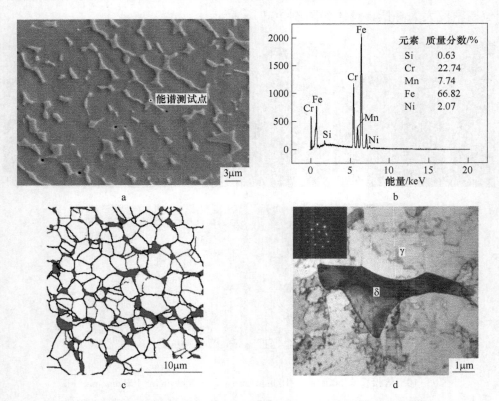

图 5-11 条带状组织的扫描照片（a）、δ-铁素体的能谱（EDS）测试
结果（b）、条带状组织中的相分布（其中黑色表示 δ-铁素
体，白色表示奥氏体）（c）、δ-铁素体的透射照片（d）

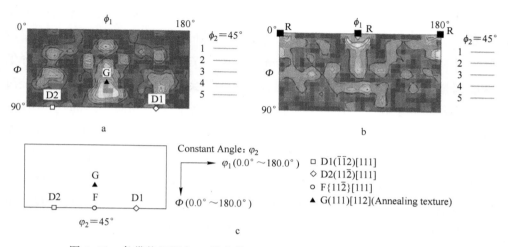

c

图 5-12 条带状组织中 δ-铁素体（a）、奥氏体的 45°的 ODF 图（b）、
典型的 BCC 剪切织构与退火织构图（c）

在搅拌摩擦焊接过程中，当焊接过程中的峰值温度超过奥氏体—δ-铁素体相变点时便会有 δ-铁素体产生，如图 5-13 中箭头所示。因此，当焊接参数为 500r/min-100mm/min 时，焊接过程中的峰值温度没有超过该相变点，

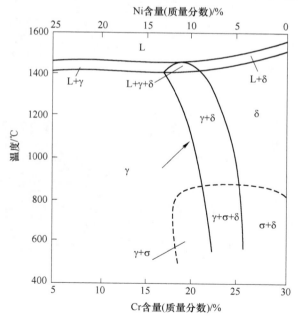

图 5-13 Fe-Cr-Ni 系合金伪二元合金相图

因此并没有 δ-铁素体生成。Hanjian 等人[88] 也通过降低焊接过程中的峰值温度获得了完全奥氏体化的焊接接头。随着转速的提高，焊接过程中峰值温度随之升高。当焊接转速超过 500r/min 时，焊接过程中焊接接头前进侧的峰值温度超过了奥氏体—δ-铁素体相变点，这样便会有 δ-铁素体生成。当焊接过程中的温度位于 δ+γ 两相区时，铁素体形成元素如 Cr、Mo、Si 等向铁素体内富集，奥氏体形成元素如 Ni、Mn 等向奥氏体内富集[151,152]。利用电子探针对含有 δ-铁素体的区域进行面扫描的结果如图 5-14 所示。从图中可以看出，Ni 的含量在铁素体内明显减少。能谱测试结果（图 5-11b）显示，在铁素体内，Ni 含量明显减少，Cr 含量明显增加。根据以上的能谱测试结果，我们可以计算出铁素体的 Cr 当量与 Ni 当量，具体计算公示如下[153]：

$$w(Cr_{eq}) = w(Cr) + w(Mo) + 1.5w(Si) + 0.5w(Nb) \tag{5-5}$$

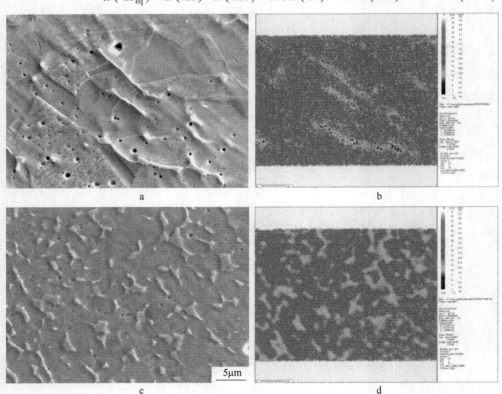

图 5-14　焊接接头 800r/min-100mm/min 扫描（a）与 Ni 元素分布示意图（b）、
条带状组织的扫描（c）与 Ni 元素分布示意图（d）

$$w(\mathrm{Ni_{eq}}) = w(\mathrm{Ni}) + 0.5w(\mathrm{Mn}) + 30w(\mathrm{C+N}) \tag{5-6}$$

式中，$w(\mathrm{Cr_{eq}})$ 为 Cr 当量，$w(\mathrm{Ni_{eq}})$ 为 Ni 当量，经过计算 $w(\mathrm{Cr_{eq}})$ 为 23.685，$w(\mathrm{Ni_{eq}})$ 为 13.29，位于 Schaeffler 图的铁素体+奥氏体相区，如图 5-15 中正方形所示。而母材的 $w(\mathrm{Cr_{eq}})$ 为 17.23，$w(\mathrm{Ni_{eq}})$ 为 15.05，位于 Schaeffler 图的奥氏体相区，具体如图 5-15 中的三角形所示。由此可以看出，在焊接过程中元素的扩散与重新分布导致了 δ-铁素体的生成，而焊接过程中的热循环则对元素的扩散有很重要的影响。在高转速或者低焊接行进速度下，焊接过程中的热输入量会增加，同时冷却速度也会降低。当焊接转速上升到 1000r/min 时，搅拌区会在 δ+γ 两相区停留更长的时间，这更有利于元素的重新分布，会促进 δ-铁素体的生成，进而促进含有大量 δ-铁素体的条状组织的生成。但是，在转速为 1000r/min 时，随着焊接行进速度降低为 50mm/min，搅拌区理论上会在 δ+γ 两相区停留更长的时间，这会更有利于 δ-铁素体的生成。但是焊接接头 1000r/min-50mm/min 中的 δ-铁素体含量却出现了明显的下降。这是由于当冷却速度很慢时，在冷却过程中当温度进入 γ 相区时，生成的 δ-铁素体会发生分解，重新转变为奥氏体。因此，当焊接速度降低到 50mm/min 时，较低的冷却速度会促进 δ-铁素体的分解，从而使 δ-铁素体含量急剧降低。而对于其他的焊接接头，由于焊接冷却速度相对较快，δ-铁素体来不及分解而被保存到了室温。由于在搅拌摩擦焊接过程中，前进侧的材料要经受更强烈的摩擦与更大的压力，因此前进侧的峰值温度要明显高

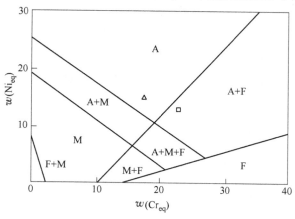

图 5-15 Schaeffler 相图

于后退侧，这会导致后退侧在焊接过程中产生的δ-铁素体量比较少。此外，后退侧的冷却速度也比较慢，这进一步促进了δ-铁素体的分解，最后导致了后退侧的δ-铁素体含量极少。由此我们可以看出，搅拌区中δ-铁素体的含量是由在δ+γ两相区的生成量与在冷却过程中的分解量共同决定的。虽然之前的研究中也出现过δ-铁素体的报道，但是之前的研究忽略了焊接参数与δ-铁素体含量之间关系。

5.6 条状区域的晶粒细化及δ-铁素体的研究

从图5-11c中可以发现，在条状区域中的晶粒大小仅约为4μm，远远小于其他位置的晶粒。在条状区域中含有没有亚晶粒的多边形晶粒（图5-11c）与强烈的旋转立方织构（图5-12c），说明该区域的再结晶机制为不连续动态再结晶。从图5-11a中可以清楚地看到奥氏体晶粒被δ-铁素体晶粒分割包围。在双相不锈钢中，晶粒的长大不仅涉及晶界的迁移，而且组织中的各种元素也会重新分布，这就需要更长的时间才能完成[154~156]。由于搅拌摩擦焊接过程中的冷却速度较快，元素的重新分布很难完成，因此当奥氏体晶界边界存在δ-铁素体时，晶粒的长大就需要更长的时间，这时δ-铁素体会阻止奥氏体晶粒的长大，从而细化晶粒。此外，在变形过程中，位错很容易在δ-铁素体周围聚集，这会成为不连续动态再结晶的形核点，促进再结晶的发生，进而达到细化晶粒的效果[157,158]。由此可以看出，在跳转区域中存在的δ-铁素体一方面细化了晶粒，另一方面又促进了不连续动态再结晶的发生。

如图5-12a中所示，条状区域中的δ-铁素体织构主要是（111）[112]退火织构，剪切织构很弱。很弱的剪切织构说明δ-铁素体的形成主要是依靠元素的扩散。但根据之前的报道，剪切变形会强烈地促进（111）[112]类型织构的产生[159]。因此，虽然δ-铁素体中没有存在强烈的剪切织构，但是其织构类型也受到剪切变形的很大影响。

5.7 搅拌区中sigma相研究

在搅拌摩擦焊接奥氏体不锈钢的过程中，sigma相很容易在搅拌区的前进侧产生。sigma相的存在不但会影响焊接接头的力学性能，而且由于Cr元素向sigma相内的富集，焊接接头的耐腐蚀性能也会严重降低。根据之前的报道，采用低热输入量，降低焊接过程中的峰值温度会避免 δ-铁素体的产生，从而避免 sigma 相的产生；或者利用较快的冷却速度避免 δ-铁素体的分解，也可以抑制 sigma 相的产生。而本次试验中由于转速较高，冷却速度较慢，δ-铁素体不但在焊接过程中生成了，而且还在冷却过程中发生了分解，但是却没有 sigma 相的产生。因此，我们需要进一步了解 sigma 相产生的基本规律。在 δ-铁素体的生成过程中，Cr 元素与 Mo 元素会向 δ-铁素体晶界处富集，这两种合金元素是形成 sigma 相的必要元素，尤其是 Mo 元素。如图 5-16 所示，在晶界处的 Cr 元素含量明显较高，Ni 元素含量在 δ-铁素体内明显降低。根据报道，sigma 相内一般会含有 7% 的 Mo 元素[160,161]。但是 AISI 201 奥氏体不锈钢中仅仅含有 0.02% 的 Mo 元素，能谱试验中（图 5-11b）也没有发现 Mo 元素，这是由于母材中仅仅含有极少的 Mo 元素，Mo 元素很难富集。因此，本次试验中焊接接头搅拌区很难产生 sigma 相。

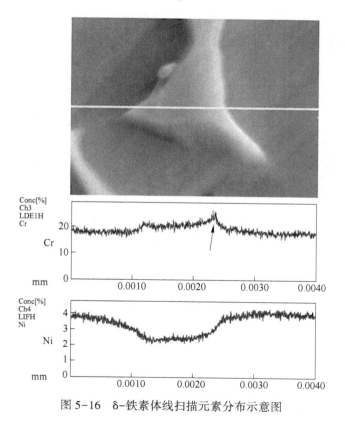

图 5-16　δ-铁素体线扫描元素分布示意图

5.8 焊接接头横向拉伸试验性能

焊接接头的抗拉强度及伸长率如图5-17所示。母材与焊接接头500r/min-100mm/min、800r/min-100mm/min、1000r/min-100mm/min 与 1000r/min-50mm/min 的 抗 拉 强 度 分 别 为 661MPa、633MPa、605MPa、550MPa、630MPa，伸长率分别为70%、38%、40.5%、19%、52.3%。焊接接头1000r/min-100mm/min 的力学性能出现了严重降低，在拉伸过程中，焊接接头从前进侧孔洞处断裂（图5-18e），由此可见，焊接接头中的孔洞缺陷会严重地降低焊接接头的力学性能。其他焊接接头的抗拉强度与伸长率只比母材略低，断裂位置都为搅拌区的后退侧（图5-18a、b）。由于前进侧含有高密度的位错，同时晶粒比较小，而后退侧的晶粒比较大，且位错密度较低，这导致了后退侧的抗拉强度较低。搅拌针的压入使搅拌区出现减薄现象，如图5-2b所示，这导致了后退侧成为焊接接头力学性能最薄弱的位置。此外，搅拌区中存在的δ-铁素体似乎对焊接接头的力学性能没有影响。

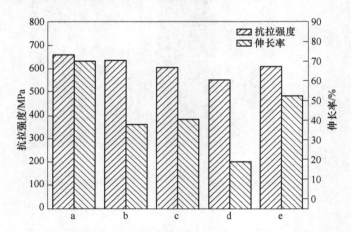

图5-17 焊接接头的抗拉强度与伸长率分布示意图

a—母材，焊接接头；b—500r/min-100mm/min；c—800r/min-100mm/min；

d—1000r/min-100mm/min；e—1000r/min-50mm/min

图5-19为焊接接头横向硬度分布示意图，测量位置位于工件表面以下1mm处。从图中可知，母材的硬度约为210HV，搅拌区的硬度比母材的硬度略高，有些点的硬度较高，达到260HV，这可能是由于硬度的测试点位于位

错密度较高的地方。但是焊接接头 1000r/min-50mm/min 却没有出现高硬度点，这可能是由于焊接接头的回复及再结晶过程比较充分，高密度的位错都消失了，因此没有出现高硬度点。

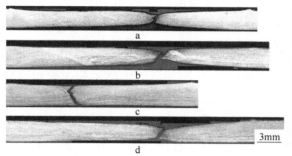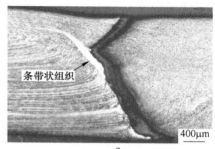

图 5-18　焊接接头 500r/min-100mm/min（a）、800r/min-100mm/min（b）、1000r/min-100mm/min（c）、1000r/min-50mm/min（d）断裂位置照片及断裂位于条带状组织附近（e）示意图（前进侧位于左方，后退侧位于右方）

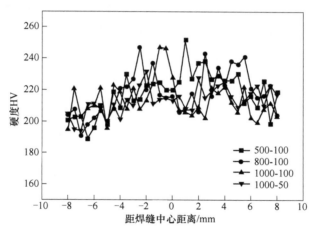

图 5-19　焊接接头横向硬度测试结果

5.9　本章小结

通过搅拌摩擦焊接技术焊接 AISI 201 奥氏体不锈钢可以得到没有任何缺陷的焊接接头。本章详细研究了焊接接头搅拌区的微观组织转变过程及力学性能，得出以下结论：

（1）搅拌区同时发生了连续动态再结晶与不连续动态再结晶，且再结晶机制会随着焊接参数的改变而改变。

（2）搅拌区前进侧的晶粒相对比较细小，但是分布不均匀，同时含有大尺寸的晶粒与小尺寸的晶粒。这是由于前进侧同时发生了连续动态再结晶与不连续动态再结晶，而由不连续动态再结晶生成的晶粒更加细小。

（3）在低转速的情况下，前进侧会保留下来高密度的位错，其他位置冷却速度较低，高密度的位错通过回复或者再结晶而消失。

（4）搅拌区中 δ-铁素体的含量是由在 δ+γ 两相区的生成量与在冷却过程中的分解量共同决定的。在焊接接头 1000r/min-100mm/min 前进侧生产了含有 6.5%δ-铁素体的条带状组织。

（5）搅拌区中存在的 δ-铁素体会促进不连续再结晶的发生，进而极大地促进了晶粒细化。同时，由于剪切变形的促进作用，δ-铁素体的织构以（111）［112］退火织构为主。

（6）由于母材中的 Mo 含量极低，因此搅拌区中没有产生 sigma 相。

（7）由于焊接接头 1000r/min-100mm/min 前进侧存在孔洞缺陷，因此力学性能出现了严重的下降。而其他焊接接头的力学性能仅比母材略低。

6 新型搅拌摩擦焊机的研究与开发

虽然搅拌摩擦焊接技术相比于传统熔焊具有较大的优势，但是搅拌摩擦焊接过程中对焊接设备的要求相对较高，尤其是焊接复杂形状的工件时。这时就需要特殊的夹具来夹持工件或者设计特殊的搅拌摩擦焊机来完成焊接工作。为此，东北大学设计了两种搅拌摩擦焊机，并且成功的申请了专利。第一种为管线钢环形焊缝搅拌摩擦焊接机构，专门用来焊接管线钢环形焊缝；第二种为复合板真空搅拌摩擦焊接装置，主要在真空轧制复合板的前期阶段，在封装上下两钢板时使用。

6.1 管线钢环形焊缝搅拌摩擦焊接机构介绍

能源是一个国家赖以生存的物质财富，对于中国这样一个领土面积大，能源分布不均的大国，能源的稳定运输一直是制约经济全面发展重要的一环。特别是对于石油、天然气这类稀缺能源的运输。一般运输石油、天然气用的是管线钢，管线钢的焊接问题就随之而来。最主要的问题是焊接接头的热影响区的晶粒会过分的粗大，而且冲击韧性会急剧恶化[110~114]。目前，管线的制管过程一般是在工厂内完成，在工厂内的工作环境相对较好，在现场铺设管线的时候，还需要将两个管焊接到一起。油田大多处于偏远地区，气候恶劣、人烟稀少、地质地貌条件极其复杂，因此在现场焊接管线的工作环境十分恶劣，为了避免熔焊过程中晶粒的过分粗大，现场焊接过程中，往往需要对管进行焊接前处理与焊接后处理，这无疑增加了现场施工的成本，尤其是环境十分恶劣的地区，这个问题会更加严重。

根据国内外的报道及作者所在课题组进行的实验，搅拌摩擦焊接技术可以十分高效地完成管线钢的焊接，且焊接接头的质量十分优异。为了将搅拌摩擦焊接技术应用到管线焊接的现场实际应用中，东北大学轧制技术及连轧自动化国家重点实验室开发出专门用于焊接管线钢环形焊缝的搅拌摩擦焊机。

图 6-1 所示为新研制的搅拌摩擦焊机实物图。

图 6-1　搅拌摩擦焊机照片

　　搅拌摩擦焊机是由多个系统多个部分组合而成的一个复杂的整体，主要由主体机械系统、动力系统、控制和测量系统等部分组成。机械系统的关键部分是机械运动的装置，它用来完成焊接过程，分为传动和执行机构两部分组成，实现运动的传动和执行机构是机械的核心，机器中各个机构通过有序的运动和动力传递最终实现功能变化，完成所需的工作过程。

　　传动系统主要起变速、换向、传递动力的作用，通过圆弧齿同步带作为传动系统的一部分将电机转速降低到使主轴能够进行正常旋转；蜗轮蜗杆也作为传动系统将电机齿轮旋转转化为梯形螺纹升降运动，来实现搅拌头的升降；还有回转部分是通过齿轮传动，电机带动小齿轮旋转，小齿轮再围绕大齿圈旋转从而实现回转焊接的功能。

　　执行机构通过传递来的动力进行搅拌摩擦焊接，主轴部分通过主电机和进给电机传递来的动力进行搅拌头的旋转和主轴的升降来实现焊接；台架通过回转电机传递来的动力带着焊接主体回转焊接。传动机构和执行机构共同构成了整体的机械结构，细分为底座、齿套、导轮与压辊、台架、蜗杆升降机、主轴、搅拌头、4 个电机、液压系统等。

　　控制和测量系统是搅拌摩擦焊机的"大脑"，通过计算机对设备进行精确的控制，并对测量结果进行分析处理。控制和测量系统包括 PLC 控制器、S120 伺服电机控制柜以及测量中采用的 WINCC 人机界面系统；控制系统应用的软件有西门子的 STEP-7 和 Starter 来进行程序梯形图的编写以及伺服电机的调试。

　　搅拌摩擦焊机的控制系统主要通过控制 4 个电机来控制焊接的过程，控制系统采用 SIEMENS 公司的高端控制器即 S7-300PLC 作为主站，S120_CU320作为从站，主站和从站之间通过现场总线 PROFIBUS-DP 通讯连接，完成本地闭环控制以及对远程 I/O 从站及操作台的实时控制。整个控制系统中的搅拌头位移控制采用高精度伺服电机，通过多圈绝对值编码器的反馈，构成控制闭环，实现焊机搅拌头的上下进给、台架旋转、钻头旋转的控制。

　　通过 S120 调试工具 STARTER 创建项目对 4 个电机进行调试，首先设置编程器（PG/PC）的通讯接口，再将编程器通过以太网与控制单元（CU）相连，控制单元通过 DRIVE-CLIQ 通讯电缆与电源模块和电机模块相连，电机模块再通过 DRIVE-CLIQ 通讯电缆与伺服电机相连。在配置过程中，控制单元已识别相连接的电机模块和 SMI 伺服电机，设备数据传输到控制单元上，控制单元将正确的设备数据记录在设备运行参数中，再通过以太网传到编程器中去，即将各个模块的参数在在线的模式下从装置上载到编程器（PC/PG）上完成对电机调试的准备工作，接下来就进行 SINAMICS S120 在线调试。调试完成后将 STARTER 软件集成到 STEP7 中，在 STEP7 创建一个 S7-300PLC 的主站，做硬件配置，建立 PROFIBUS 网络，将 S120_CU320 作为 S7-300PLC 的一个从站，接下来配置从站地址及与 S120 通讯的报文方式，然后在 STEP-7 中创建系统模块（OB）、功能模块（FB），还有对应的背景模块（DB），将模块内的程序用梯形图来进行编写，最后将编写好的程序传送到 PLC 中去，连接 PLC 与电机以实现对电机的控制。

　　人机界面采用 WINCC 作为数据采集与监控系统，WINCC 与 S7 PLC 通过 MPI 网络通信时，在 PLC 侧不需进行任何编程和组态；在 WINCC 上需要对 S7 CPU 的站地址和槽号及网卡组态。SIMATIC WINCC 是一种复杂的 SCADA（数据采集与监控）系统，能高效控制自动化工程。它基于 Windows 平台，可实现完美的过程可视化，能为各种工业领域提供完备的操作与监控功能，涵盖从简单的单用户系统直到采用冗余服务器和远程 web 客服端解决方案的分布式多用户系统；WINCC 可提供成熟而可靠的运行环境以及有效的组态，它可方便的与标准程序和用户程序组合在一起使用，建立人机界面，精确的满足实际需要。图6-2就是人机界面的图片。

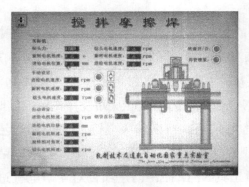

图6-2 人机界面照片

新型搅拌摩擦焊机经过实验，各种性能都达到了稳定焊接的要求，主要性能指标有：焊接主轴转速0~2000r/min、焊接最大转矩186N·m、最大焊接线速度300mm/min、焊头最大升降速度800mm/min、最大行程100mm。

该搅拌摩擦焊接具有以下的特点：

（1）可以进行空间环形焊接，可以一次性的完成环形管材的对接焊接。一般传统上的搅拌摩擦焊机只是平面焊接，对板材的焊接比较普遍，而管材方面国内来说很少有通过搅拌摩擦焊接的，通过这台新型搅拌摩擦焊机，可以一次性完成环形管材的对接焊接。在做好前期准备的情况下，焊接完一条环形焊缝仅仅几分钟，效率极高，图6-3为搅拌摩擦焊接管线钢环形焊缝过程中的照片，图6-4为焊接完成后的管线。

（2）采用西门子伺服电机控制。大部分传统的搅拌摩擦焊是龙门式的焊机，所采用的程序是CNC机床控制系统，相比而言这台焊机所采用的是S120伺服控制系统，S120是专门针对伺服电机的控制系统，通过STARTER程序来调试电机，让控制过程更加精确，而且PID控制集成在电机中，不需要外部来设置，设备更加灵活，参数也更加多变。

（3）人机界面采用WINCC系统，而且人机界面和PLC控制柜放在一起，上面配有操作按钮使操作更加方便。PLC上设定的DB块与WINCC上的DB统一，就可以将需要的参数通过设定程序在界面程序里显现出来，比如实际速度、位移、角度；手动设定的转速可以通过操作按钮来增加或者减小，这些都可以在界面上进行设置。PLC和人机界面的控制柜如图6-1中右图所示。

图6-3　搅拌摩擦焊接管线钢环形焊缝过程中的照片

图6-4　搅拌摩擦焊接管线钢环形焊缝的照片

6.2　复合板真空搅拌摩擦焊接装置

随着科技的高速发展以及新产业、新技术的不断出现，人们对材料性能的要求日益苛刻，在很多情况下单一的材料已经无法满足特殊性能的要求，于是人们开始采用新型的层状金属材料及复合板。复合板既可以兼备多种材料的优良性能，又可以节约贵重、稀有的金属材料。目前，真空热轧复合法是生产金属复合板的方法之一，该方法既可以解决传统的爆炸复合法效率低、污染大、产品尺寸小等问题，又可以避免直接热轧时结合界面产生氧化等问题，无论在同质特厚板还是在异质金属复合板的制备领域中都极具应用潜力，因此成为宽幅高品质复合板生产的重要方法。真空制坯轧制复合技术的原理为：首先将两块或多块同质或异质金属板叠合并置于大型真空室内，然后在高真空条件下对叠合金属板界面的四周进行电子束焊接封装，以使复合界面始终处于高真空状态，最后通过加热和轧制的过程使叠合的金属板界面实现有效的复合连接。由于复合界面的高真空极大地避免了复合界面在加热和轧制过程中的氧化，因此显著地提高了复合界面的结合性能。从 2008 年开始，国内以东北大学为首的一些科研和生产单位陆续对该技术展开相关研究和攻关。目前，已经开发出了普碳钢、低合金和中合金钢特厚板、不锈钢/钢复合板、钛/钢复合板的生产装备和工艺技术，并申报了相关的发明专利[162~164]。然而在实践中发现，真空热轧复合法技术中的电子束焊接封装制坯存在一定的局限性，尤其是对于一些特殊的难焊金属材料，难以进行有效的界面封装，例如目前广泛用于核工业中的高 Cr-Mo 合金特厚板和高 Cr-Mo 高合金钢/低合金钢异种金属复合板，航空航天中潜力巨大的铝合金和镁合金特厚板以及铝合金/镁合金异质金属复合板等。由于这些金属复合材料的熔焊性能极差，因此很难采用真空热轧复合法技术制备。其中，由于高 Cr-Mo 合金钢的碳当量极高（超过 0.8%），传统熔焊焊接头将产生严重的高淬硬性组织，接头韧塑性急剧恶化。对于铝合金和镁合金等轻金属，由于其高热膨胀系数和高导热率，焊接头易产生大量的缩孔和裂纹等缺陷，焊接接头性能较差。此外，铝合金与镁合金异种金属之间，电子束焊接头中极易生成大量脆性 Mg-Al 金属间化合物，严重降低焊缝的力学性能。因此，急需开发一种可有效改善焊缝质量的新型焊接封装工艺和装备。为此，东北大学轧制技术及连轧自动化国家重点实验室开发出真空搅拌摩擦焊接装置，利用该装置可以在真空环境下利用搅拌摩擦焊接技术一次性的完成上下金属板界面四周的封装，从而解决了真空热轧复合法过程中的焊接难题。

该装置的原理如图 6-5 所示。图 6-5 中 1 为真空室，可以提供焊接过程

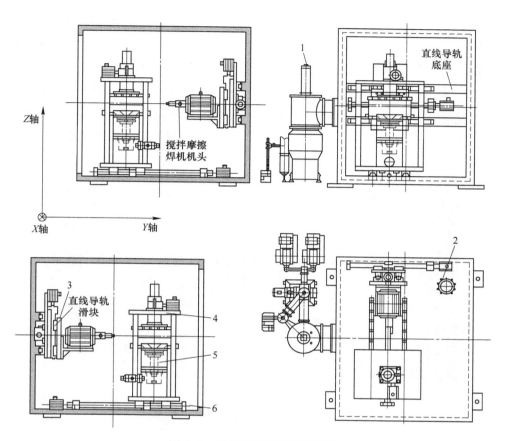

图 6-5　真空搅拌摩擦焊接装置

中的真空环境。真空室箱体和大门均为由钢板焊接的箱体结构，真空室门由电机驱动可实现真空室的开启与闭合。真空室外壁上安装观察孔，可观察真空室内情况，如图 6-5 中 2 所示。搅拌摩擦焊机机头安装在 X/Z 双层直线导轨上，机头采用伺服电机为动力源，可实现搅拌工具的高速旋转，搅拌工具平行于水平面并与 Y 轴呈 5°的倾角。焊接直线导轨由两台伺服电机驱动，可带动丝杠在直线导轨上进行 X/Z 的二维平面运动，如图 6-5 中 3 所示。工件夹持机构由四周的立柱、夹具及转台组成，如图 6-5 中 4 所示。夹具上方安装有蜗轮蜗杆的升降系统，该系统由伺服电机驱动进行立柱的下降与上升，最终实现对不同厚度工件的夹持。转台通过伺服电机的驱动，可实现转台的 360°转动，如图 6-5 中 5 所示。夹具系统底部与丝杠连接，丝杠通过伺服电机旋转，可实现焊接夹持机构在 Y 轴的移动，如图 6-5 中 6 所示。焊接过程中，将被焊的两块钢板放置到夹具之间压紧后，可进行搅拌摩擦焊接，焊接完成一面后，夹持机构旋转 90°进行下一个界面的焊接，如此往复可以完成钢板四面的封装。图 6-6a 为利用搅拌摩擦焊接技术完成封装的工件表面，两个钢板一块为 316L 奥氏体不锈钢，另外一块为 Cr-Mo 合金钢。图 6-6b 为热轧后的复合板，图 6-6c 为复合板界面处的金相照片。从图中可以看出，热轧后复合板并没有出现开裂的现象，由此可见，利用搅拌摩擦焊接技术可以成功地完成封装工作。

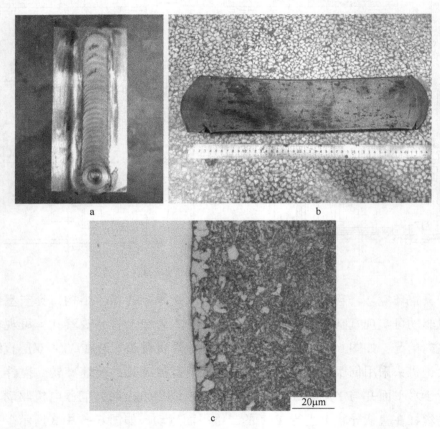

图 6-6 搅拌摩擦焊接技术完成钢板的封装

a—利用搅拌摩擦焊接技术完成封装的工件表面；b—热轧后的复合板；c—复合板界面

6.3 本章小结

（1）东北大学轧制技术及连轧自动化国家重点实验室成功开发出管线钢

环形焊缝搅拌摩擦焊接机构，利用该机构可以快速、高质量地完成管线钢环形焊缝的焊接。

（2）东北大学轧制技术及连轧自动化国家重点实验室成功开发出复合板真空搅拌摩擦焊接装置，利用该装置可以在真空环境下一次性完成上下两板四周的封装，从而解决了真空热轧复合法过程中的焊接难题。

参 考 文 献

[1] 赵衍华，王国庆．铝合金的搅拌摩擦焊接［M］．北京：中国宇航出版社，2010．

[2] 柴鹏．革命性的固相焊接技术——搅拌摩擦焊［J］．中国航空报，2012（2）．

[3] Mishra R S, Ma Z Y. Friction stirwelding and processing［J］. Mater. Sci. Eng.，2005（50）：1~78.

[4] 秦红珊，杨新歧．一种替代传统电阻点焊的创新技术——搅拌摩擦点焊［J］．电焊机，2006（7）：27~30.

[5] 赵衍华，张丽娜，刘景铎，等．搅拌摩擦点焊技术简介［J］．航天制造技术，2009（2）：1~5.

[6] 董涛，王朗，陆昌进，等．国内外搅拌摩擦点焊的研究进展［J］．现代焊接，2012（2）．

[7] 乔凤斌，张松，郭立杰．搅拌摩擦点焊技术及其在工业领域中的应用［J］．电焊机，2012（10）．

[8] 张友寿，何建军，谢志强，等．搅拌摩擦焊接技术基础及其工程应用［J］．材料导报，2008（22）．

[9] 马克湘．搅拌摩擦焊在轨道车辆行业的应用现状与展望［J］．电力机车与城轨车辆，2013（36）．

[10] Rai R, De A, Bhadeshia H K D H, et al. Review：friction stir welding tools［J］. Science and Technology of Welding and Joining, 2011, 16（4）：325~342.

[11] Bhadeshia H K D H, DebRoy T. Critical assessment：friction stir welding of steels［J］. Science and Technology of Welding and Joining, 2009, 14（3）：193~196.

[12] Sorensen C D, Nelson T W. Friction stir welding of ferrous and nickel alloys［C］. In Friction stir welding and processing（ed. R. S. Mishra and M. W. Mahoney），Vol. 6, 111~121; 2007, Materials Park, OH, ASM International.

[13] Sorensen C D. Evaluation of PCBN pin tool wear during FSW of structural steel［C］. Friction Stir Science and Technology（ONR），Book of abstracts, PI Review Meeting, York, PA, USA Oct 2009, page 30.

[14] Park S, Sato Y, Kokawa H, et al. Boride formation induced by PCBN tool wear in friction-stir-welded stainless steels［J］. Metall. Mater. Trans. A, 2009, 40A（3）：625~636.

[15] Gan W, Li Z T, Khurana S. Tool materials selection for friction stir welding of L80 steel［J］. Sci. Technol. Weld. Join. , 2007, 12（7）：610~613.

[16] Leonhardt T. Properties of tungsten-rhenium and tungsten-rhenium with hafnium carbide［J］.

JOM, 2009, 61 (7): 68~71.

[17] Edwards P, Ramulu M. Effect of process conditions on superplastic forming behaviour in Ti-6Al-4V friction stir welds [J]. Sci. Technol. Weld. Join. , 2009, 14 (7): 669~680.

[18] Ohashi R, Fujimoto M, Mironov S, et al. Effect of contamination on microstructure in friction stir spot welded DP590 steel [J]. Science and Technology of Welding and Joining, 2009, 14 (3): 221~227.

[19] Lienert T J, Stellwag W L, Grimmett B B, et al. Friction stir welding studies on mild steel-process results, microstructures and mechanical properties are reported [J]. Weld. J. , 2003, 82 (1): 1S~9S.

[20] Mironov S, Sato Y S, Kokawa H. Microstructural evolution during friction stir welding of Ti-15V-3Cr-3Al-3Sn alloy [J]. Mater. Sci. Eng. A, 2010, A527 (29~30): 7498~7504.

[21] Miles M P, Ridges C S, Hovanski Y, et al. Impact of tool wear on joint strength in friction stir spot welding of DP 980 steel [J]. Science and Technology of Welding and Joining, 2011, 16 (7): 642~647.

[22] 马鸣图. 先进汽车用钢 [M]. 北京：化学工业出版社, 2007.

[23] 王利. 汽车轻量化与先进的高强度钢板 [J]. 宝钢技术, 2003 (5): 53~59.

[24] 李俊. 影响高强钢汽车板发展的主要问题及其对策 [J]. 世界钢铁, 2006 (3): 1.

[25] 黄治军, 陈宇, 袁桂莲, 等. 800MPa 级高强汽车钢板电阻点焊试验研究 [J]. 现代焊接, 2013 (4): 22~25.

[26] 龚涛, 缪凯, 王辉, 等. 600MPa 级高 Al 冷轧双相钢的点焊工艺研究 [J]. 电焊机, 2011, 41 (4): 65~68.

[27] Sarkar R, Pal T K, Shome M. Microstructures and properties of friction stir spot welded DP590 dual phase steel sheets [J]: Science and Technology of Welding and Joining, 2014, 19 (5): 436~442.

[28] Sarkar R, Pal T K, Shome M. Material flow and intermixing during friction stir spot welding of steel [J]. Journal of Materials Processing Technology, 2016 (227): 96~109.

[29] Santella M, Hovanski Y, Frederick A, et al. Friction stir spot welding of DP780 carbon steel [J]. Science and Technology of Welding and Joining, 2010, 15 (4): 271~278.

[30] Khan M I, Kuntz M L, Su P, et al. Resistance and friction stir spot welding of DP600: a comparative study [J]. Science and Technology of Welding and Joining, 2007, 12: 175~182.

[31] Hartman T, Miles M P, Hong S-T, et al. Effect of PCBN tool grade on joint strength and tool life in friction stir spot welded DP980 steel [J]. Wear, 2015, 328~329: 531~536.

[32] Nathan Saunders, Michael Miles, Trent Hartman, et al. Joint Strength in High Speed Friction

Stir Spot Welded DP980 Steel [J]. International journal of precision engineering and manufacturing, 15 (5): 841~848.

[33] Amir Mostafapour, Ali Ebrahimpour, Tohid Saeid. Finite element investigation on the effect of FSSW parameters on the size of welding subdivided zones in TRIP steels [J]. Int J Adv Manuf Technol, DOI 10. 1007/s00170-016-8749-3.

[34] Mazzaferro C C P, Rosendo T S, Tier M A D, et al. Microstructural and Mechanical Observations of Galvanized TRIP Steel after Friction Stir Spot Welding [J]. Materials and Manufacturing Processes, 2015 (30): 1090~1103.

[35] Choi D H, Lee C Y, Ahn B W, et al. Frictional wear evaluation of WC-Co alloy tool in friction stir spot welding of low carbon steel plates [J]. Int. Journal of Refractory Metals & Hard Materials 2009 (27): 931~936.

[36] Tebyani S F, Dehghani K. Effects of SiC nanopowders on the mechanical properties and microstructure of interstitial free steel joined via friction stir spot welding [J]. Materials and Design, 2016 (90): 660~668.

[37] Seung-Wook Baek, Don-Hyun Choi, Chang-Yong Lee, et al. Structure-Properties Relations in Friction Stir Spot Welded Low Carbon Steel Sheets for Light Weight Automobile Body [J]. Materials Transactions, 2010, 51 (2): 399~403.

[38] Kinya Aota, Kenji Ikeuchi. Development of friction stir spot welding using rotating tool without probe and its application to low-carbon steel plates [J]. Welding International, 2009, 23 (8): 572~580.

[39] Lakshminarayanan A K, Annamalai V E, Elangovan K. Identification of optimum friction stir spot welding process parameters controlling the properties of low carbon automotive steel joints [J]. J mater res technol. , 2015, 4 (3): 262~272.

[40] Ahmed M M Z, Ahmed Essam, Hamada A S, et al. Microstructure and mechanical properties evolution of friction stir spot welded high-Mn twinning-induced plasticity steel [J]. Materials and Design, 2016 (91): 378~387.

[41] Hovanski Y, Santella M L, Grant G J. Friction stir spot welding of hot-stamped boron steel [J]. Scripta Materialia, 2007 (57): 873~876.

[42] Md. Abu Mowazzem Hossain, Md. Tariqul Hasan, Sung-Tae Hong, et al. Friction Stir Spot Welded Joints of 409L Stainless Steels Fabricated by a Convex Shoulder Tool [J]. Met. Mater. Int. , 2013, 19 (6): 1243~1250.

[43] Jeon J, Mironov S, Sato Y S, et al. Friction stir spot welding of single-crystal austenitic stainless steel [J]. Acta Materialia, 2011 (59): 7439~7449.

［44］ Rajarshi Sarkar, Shiladitya Sengupta, Tapan Kumar Pal, et al. Microstructure and Mechanical Properties of Friction Stir Spot－Welded IF/DP Dissimilar Steel Joints ［J］. Metallurgical and materials transactions A, 2015, 46A: 5182~5200.

［45］ Hsieh Ming－Jer, Chiou Yuang－Cherng, Lee Rong－Tsong. Friction stir spot welding of low－carbon steel using an assembly－embedded rod tool ［J］. Journal of Materials Processing Technology, 2015 (224): 149~155.

［46］ Sun Y F, Fujii H, Takaki N, et al. Microstructure and mechanical properties of mild steel joints prepared by a flat friction stir spot welding technique ［J］. Materials and Design, 2012 (37): 384~392.

［47］ Sun Y F, Shen J M, Morisada Y, et al. Spot friction stir welding of low carbon steel plates pre-heated by high frequency induction ［J］. Materials and Design, 2014 (54): 450~457.

［48］ Mandal S, Rice J, Hou G, et al. Modeling and Simulation of a Donor Material Concept to Reduce Tool Wear in Friction Stir Welding of High－Strength Materials ［J］. Journal of Materials Engineering and Performance, 2013, 22 (6): 1558~1564.

［49］ Miles M, Karki U, Hovanski Y. Temperature and Material Flow Prediction in Friction－Stir Spot Welding of Advanced High－Strength Steel ［J］. The Minerals, Metals & Materials Society, 2014, 66 (10): 2130~2136.

［50］ 赵凯, 王快社, 郝亚鑫, 等. 搅拌摩擦加工 IF 钢的组织性能 ［J］. 工程科学学报, 2015, 37 (12): 1575~1580.

［51］ Chabok, Dehghani K. Effect of Processing Parameters on the Mechanical Properties of Interstitial Free Steel Subjected to Friction Stir Processing ［J］. Journal of Materials Engineering and Performance, 2013, 22 (5): 1324~1330.

［52］ Hidetoshi Fujii, Rintaro Ueji, Yutaka Takada, et al. Friction Stir Welding of Ultrafine Grained Interstitial Free Steels ［J］. Materials Transactions, 2006, 47 (1): 239~242.

［53］ Hidetoshi Fujii, Ling Cui, Nobuhiro Tsuji, et al. Friction stir welding of carbon steels ［J］. Materials Science and Engineering A, 2006 (429): 50~57.

［54］ Lakshminarayanan A K, Balasubramanian V. Tensile and Impact Toughness Properties of Gas Tungsten Arc Welded and Friction Stir Welded Interstitial Free Steel Joints ［J］. Journal of Materials Engineering and Performance, 2011, 20 (1): 82~89.

［55］ Weinberger T, Enzinger N, Cerjak H. Microstructural and mechanical characterisation of friction stir welded 15－5PH steel ［J］. Science and Technology of Welding and Joining, 2009, 14 (3): 210~215.

［56］ Husain Md M, Sarkar R, Pal T K, et al. Friction Stir Welding of Steel: Heat Input, Microstructure, and Mechanical Property Co-relation [J]. Journal of Materials Engineering and Performance, 2015, 24 (9): 3673~3683.

[57] Khodir S A, Morisada Y, Ueji R, et al. Microstructures and mechanical properties evolution during friction stir welding of SK4 high carbon steel alloy [J]. Materials Science & Engineering A, 2012 (558): 572~578.

[58] Sato Y S, Yamanoi H, Kokawa H, et al. Microstructural evolution of ultrahigh carbon steel during friction stir welding [J]. Scripta Materialia, 2007 (57): 557~560.

[59] Cui Ling, Fujii Hidetoshi, Tsuji Nobuhiro, et al. Friction stir welding of a high carbon steel [J]. Scripta Materialia, 2007 (56): 637~640.

[60] Chung Y D, Fujii H, Ueji R, et al. Friction stir welding of high carbon steel with excellent toughness and ductility [J]. Scripta Materialia, 2010 (63): 223~226.

[61] Young Gon Kim, Ji Sun Kim, In Ju Kim. Effect of process parameters on optimum welding condition of DP590 steel by friction stir welding [J]. Journal of Mechanical Science and Technology, 2014, 28 (12): 5143~5148.

[62] Miles M P, Nelson T W, Steel R, et al. Effect of friction stir welding conditions on properties and microstructures of high strength automotive steel [J]. Science and Technology of Welding and Joining, 2009, 14 (3): 228~232.

[63] Ghosh M, Kumar K, Mishra R S. Friction stir lap welded advanced high strength steels: microstructure and mechanical properties [J]. Materials Science and Engineering A, 2011 (528): 8111~8119.

[64] Ozekcin A, Jin H W, Koo J Y, et al. A microstructural study of friction stir welded joints of carbon steels [J]. International Journal of Offshore and Polar Engineering, 2004, 14 (4): 284~288.

[65] Santos T F A, Hermenegildo T F C, Afonso C R M, et al. Fracture toughness of ISO 3183 X80M (API 5L X80) steel friction stir welds [J]. Engineering Fracture Mechanics, 2010 (77): 2937~2945.

[66] Tribe A, Nelson T W. Study on the fracture toughness of friction stir welded API X80 [J]. Eng. Fract. Mech., 2015, 150: 58~69.

[67] Hakan Aydin, Tracy W Nelson. Microstructure and mechanical properties of hard zone in friction stir welded X80 pipeline steel relative to different heat input [J]. Materials Science & Engineering A, 2013 (586): 313~322.

[68] Wei Lingyun, Nelson W Tracy. Influence of heat input on post weld microstructure and mechanical properties of friction stir welded HSLA-65 steel [J]. Materials Science & Engineering A,

2012（556）：51~59.

[69] Ávila J A, Ruchert C O F T, Mei P R, et al. Ramirez Fracture toughness assessment at different temperatures and regions within a friction stirred API 5L X80 steel welded plates [J]. Eng. Fract. Mech., 2015, 147：176~186.

[70] Cho Hoon-Hwe, Kang Suk Hoon, Kim Sung-Hwan, et al. Microstructural evolution in friction stir welding of high-strength linepipe steel [J]. Materials and Design, 2012（34）：258 ~267.

[71] Barnes S J, Bhatti A R, Steuwer A, et al. Friction Stir Welding in HSLA-65 Steel：Part Ⅰ. Influence of Weld Speed and Tool Material on Microstructural Development [J]. Metallurgical and materials transactions A, 2012, 43A：2342~2355.

[72] Xue P, Komizo Y, Ueji R, et al. Enhanced mechanical properties in friction stir welded low alloy steel joints via structure refining [J]. Materials Science & Engineering A, 2014（606）：322~329.

[73] Kazuhiro Ito, Tatsuya Okuda, Rintaro Ueji, et al. Increase of bending fatigue resistance for tungsten inert gas welded SS400 steel plates using friction stir processing [J]. Materials and Design, 2014（61）：275~280.

[74] 裴荣鹏. 旋转速度与焊接速度对 HSLA-65 钢接头组织的影响 [J]. 电焊机, 2015, 45（12）：40~62.

[75] Lakshminarayanan A K, Balasubramanian V. Characteristics of Laser Beam and Friction Stir Welded AISI 409M Ferritic Stainless Steel Joints [J]. Journal of Materials Engineering and Performance, 2012, 21（4）：530~539.

[76] Ahn B W, Choi D H, Kim D J, et al. Microstructures and properties of friction stir welded 409L stainless steel using a Si_3N_4 tool [J]. Materials Science and Engineering A, 2012（532）：476 ~479.

[77] Lakshminarayanan A K, Balasubramanian V. Sensitization resistance of friction stir welded AISI 409 M grade ferritic stainless steel joints [J]. International Journal of Advanced Manufacturing Technology, 2012（59）：961~967.

[78] Cho Hoon-Hwe, Han Heung Nam, Hong Sung-Tae, et al. Microstructural analysis of friction stir welded ferritic stainless steel [J]. Materials Science and Engineering A, 2011（528）：2889~2894.

[79] Mehmet Burak Bilgin, Cemal Meran. The effect of tool rotational and traverse speed on friction stir weldability of AISI 430 ferritic stainless steels [J]. Materials and Design, 2012（33）：376 ~383.

［80］ Han Jian, Li Huijun, Zhu Zhixiong, et al. Microstructure and mechanical properties of friction stir welded 18Cr-2Mo ferritic stainless steel thick plate ［J］. Materials and Design, 2014 (63): 238~246.

［81］ Lakshminarayanan A K, Balasubramanian V. Assessment of fatigue life and crack growth resistance of friction stir welded AISI 409M ferritic stainless steel joints ［J］. Materials Science and Engineering A, 2012 (539): 143~153.

［82］ Mazumder B, Yu X, Edmondson P D, et al. Effect of friction stir welding and post-weld heat treatment on a nanostructured ferritic alloy ［J］. Journal of Nuclear Materials, 2016 (469): 200 ~208.

［83］ Seung Hwan C Park, Yutaka S Sato, Hiroyuki Kokawa, et al. Rapid formation of the sigma phase in 304 stainless steel during friction stir welding ［J］. Scripta Materialia, 2003 (49): 1175~1180.

［84］ Seung Hwan C Park, Yutaka S Sato, Hiroyuki Kokawa, et al. Corrosion resistance of friction stir welded 304 stainless steel ［J］. Scripta Materialia, 2004 (51): 101~105.

［85］ Chen Y C, Fujii H, Tsumur T, et al. Friction stir processing of 316L stainless steel plate ［J］. Science and Technology of Welding and Joining, 2009, 14 (3): 197~201.

［86］ Kokawa H, Park S H C, Sato Y S, et al. Microstructures in friction stir welded 304 austenitic stainless steel ［J］. Weld. World, 2005 (49): 34~40.

［87］ Wang D, Ni D R, Xiao B L, et al. Microstructural evolution and mechanical properties of friction stir welded joint of Fe-Cr-Mn-Mo-N austenite stainless steel ［J］. Materials and Design, 2014 (64): 355~359.

［88］ Hanjian M, Abdollah-zadeh A, Rezaei-Nejad S S, et al. Microstructure and mechanical properties of friction stir processed AISI 316L stainless steel ［J］. Materials and Design, 2015 (67): 82~94.

［89］ Yasuyuki Miyano, Hidetoshi Fujii, Yufeng Sun, et al. Mechanical properties of friction stir butt welds of high nitrogen-containing austenitic stainless steel ［J］. Materials Science and Engineering A, 2011 (528): 2917~2921.

［90］ Puli Ramesh, Janaki Ram G D. Dynamic recrystallization in friction surfaced austenitic stainless steel coatings ［J］. Materials characterization, 2012 (74): 49~54.

［91］ Mehranfar M, Dehghani K. Producing nanostructured super-austenitic steels by friction stir processing ［J］. Materials Science and Engineering A, 2011 (528): 3404~3408.

［92］ Mironov S, Sato Y S, Kokawa H, et al. Structural response of superaustenitic stainless steel to friction stir welding ［J］. Acta Materialia, 2011 (59): 5472~5481.

［93］ Du Dongxu, Fu Ruidong, Li Yijun, et al. Gradient characteristics and strength matching in friction stir welded joints of Fe-18Cr-16Mn-2Mo-0. 85N austenitic stainless steel ［J］. Materials Science & Engineering A, 2014 (616)：246~251.

［94］ Sato Y S, Nelsonb T W, Sterling C J, et al. Microstructure and mechanical properties of friction stir welded SAF 2507 super duplex stainless steel ［J］. Materials Science and Engineering A, 2005 (397)：376~384.

［95］ Esmailzadeh M, Shamaniana M, Kermanpura A, et al. Microstructure and mechanical properties of friction stir welded lean duplex stainless steel ［J］. Materials Science & Engineering A, 2013 (561)：486~491.

［96］ Saeida T, Abdollah-zadeh A, Shibayanagi T, et al. On the formation of grain structure during friction stir welding of duplex stainless steel ［J］. Materials Science and Engineering A, 2010 (527)：6484~6488.

［97］ Sarlak H, Atapour M, Esmailzadeh M. Corrosion behavior of friction stir welded lean duplex stainless steel ［J］. Materials and Design, 2015 (66)：209~216.

［98］ 梁福龙. 2013 年中国汽车产销量双超 2000 万辆　再创全球最高纪录 ［EB/OL］.［2014-1-10］. http：//www. guancha. cn/Industry/2014_01_10_198941. shtml.

［99］ 董瀚, 曹文全, 时捷, 等. 第 3 代汽车钢的组织与性能调控技术 ［J］. 钢铁, 2011, 46 (6)：1~11.

［100］ 陆匠心, 王利. 高强度汽车钢板的生产与使用 ［J］. 世界汽车, 2003 (7)：45~49.

［101］ 王利, 杨雄飞, 陆匠心. 汽车轻量化高强度钢板的发展 ［J］. 钢铁, 2006, 41 (9)：1~8.

［102］ 范军锋. 现代轿车轻量化技术研究——新材料技术、轻量化工艺和轻量化结构 ［J］. 汽车工艺与材料, 2009 (2)：10~15.

［103］ 王又铭, 李曼云, 韦光. 钢材的控制轧制与控制冷却 ［M］. 北京：冶金工业出版社, 1995.

［104］ 段国炎. M_s 温度及淬火速度对低碳马氏体自回火组织的影响 ［J］. 江西冶金, 1988, 8 (1)：24~28.

［105］ 王和德. 新型耐磨铸钢的淬火工艺特点 ［J］. 金属热处理, 1993, 8 (1)：29~31.

［106］ 王笑天. 金属材料学 ［M］. 北京：机械工业出版社, 1987.

［107］ Zhao L, Dijk N H V, Brück E, et al. Magnetic and X-ray diffraction measurements for the determination of retained austenite in TRIP steels ［J］. Materials Science & Engineering A, 2001, 313 (1~2)：145~152.

［108］ 崔忠圻, 谭耀春. 金属学与热处理 ［M］. 北京：机械工业出版社, 2007.

[109] 刘军利, 林晓娉, 李日, 等. 碳对马氏体钢显微组织和力学性能的影响 [J]. 材料热处理, 2006, 35 (24): 34~36.

[110] Zhao W, Zou Y, Matsuda K J, et al. Corrosion behavior of reheated CGHAZ of X80 pipeline steel in H_2S-containing environments [J]. Mater. Des., 2016, 99: 44~56.

[111] Shi X B, Yan W, Wang W, et al. Novel Cu-bearing high-strength pipeline steelswith excellent resistance to hydrogen-induced cracking [J]. Mater. Des., 2016, 92: 300~305.

[112] Caballero F G, Roelofs H, Hasler St, et al. Influence of bainite morphology on impact toughness of continuously cooled cementite free bainitic steels [J]. Mater. Sci. Technol., 2012, 28: 95~102.

[113] Kong X W, Qiu C L, Continuous Cooling Bainite Transformation Characteristics of a Low Carbon Microalloyed Steel under the simulated welding thermal cycle process [J]. Mater. Sci. Tech., 2013, 29: 446~450.

[114] Li X D, Ma X P, Subramanian S V. Influence of prior austenite grain size on martensite-austenite constituent and toughness in the heat affected zone of 700MPa high strength linepipe steel [J]. Metall. Mater. Tran. E, 2015, 2: 1~11.

[115] Yang Y, Cheng J S, Nie W J, et al. Investigation on the microstructure and toughness of coarse grained heat affected zone in X-100 multi-phase pipeline steel with high Nb content [J]. Mater. Sci. Eng. A, 558: 692~701.

[116] Bhadeshia H K D H. Mechanical stabilisation of bainite [J]. Mater. Sci. Tech., 1995, 11: 1116~1118.

[117] Larn R H, Yang J R. The effect of compressive deformation of austenite on the bainitic ferrite transformation in Fe-Mn-Si-C steels [J]. Mater. Sci. Eng. A, 2000, 278: 278~291.

[118] Zhang R Y, Boyd J D. Bainite Transformation in Deformed Austenite [J]. Metall. Mater. Trans., 2010, 41 A: 1448~1459.

[119] Bhadeshia H K D H. The bainite transformation: unresolved issues [J]. Mater. Sci. Eng. A, 2010, 273~275: 58~66.

[120] Yang J R, Huang C Y, Hsieh W H, et al. Mechanical Stabilization of Austenite against Bainitic Reaction in Fe-Mn-Si-C Bainitic Steel [J]. Mater Trans., 1996, 37: 579~585.

[121] Shipway P H, Bhadeshia H K H. Mechanical stabilisation of bainite [J]. Mater. Sci. Technol., 1995, 11: 1116~1128.

[122] Cui H B, Xie G M, Luo Z A, et al. The microstructural evolution and impact toughness of nugget zone in friction stir welded X100 pipeline steel [J]. J. Alloy. Compd., 2016, 681: 426~433.

[123] Tribe A. Study on the fracture toughness of friction stir welded API X80 [J]. Brigham Young University.

[124] Allred J D. An Investigation into the Mechanisms of Formation of the Hard Zone in FSW X65 [J]. Brigham Young University.

[125] Sullivan D O, Cotterell M. Temperature measurement in single point turning [J]. J. Mater. Process. Technol. , 2001, 118: 301~308.

[126] Coz G L, Dudzinski D. Temperature variation in the workpiece and in the cutting tool when dry milling Inconel 718 [J]. Int. J. Adv. Manuf. Tech. , 2014, 74: 1133~1139.

[127] Peng F Y, Liu Y Z, Lin S, et al. An Investigation of Workpiece Temperature in Orthogonal Turn-Milling Compound Machining [J]. J. Manuf. Sci E, 2015, 137: 1~10.

[128] Richardson D J, Keavey M A, Dailami F. Modeling of cutting induced workpiece temperatures for dry milling [J]. Int. J. Mach. Tool Manu. , 2006, 46: 1139~1145.

[129] Mironov S, Sato Y S, Kokawa H. Microstructural evolution during friction stir-processing of pure iron [J]. Acta Mater. , 2008, 56: 2602~2614.

[130] Abbasi M, Nelson T W, Sorensen C D. Transformation and Deformation Texture Study in Friction Stir Processed API X80 Pipeline Steel [J]. Metall. Mater. Trans. , 2012, 43A: 4940 ~4946.

[131] Lan L Y, Qiu C L, Zhao D W, et al. Effect of austenite grain size on isothermal bainite transformation in low carbon microalloyed steel [J]. Mater. Sci. Tech. , 2011, 27: 1657~1663.

[132] Shigesato G, Fujishiro T, Hara T. Boron segregation to austenite grain boundary in low alloy steel measured by aberration corrected STEM-EELS [J]. Mater. Sci. Eng. A, 2012 (556): 358~365.

[133] Park S H C, Sato Y S, Kokawa H, et al. Boride Formation Induced by PCBN Tool Wear in Friction-Stir-Welded Stainless Steels [J]. Metall. Mater. Trans. , 2009 (40 A): 625~636.

[134] Sun G S, Xie H, Misra R D K. Effect of microalloying with molybdenum and boron on the microstructure and mechanical properties of ultra-low-C Ti bearing steel [J]. Mater. Sci. Eng. A, 2015 (640): 259~266.

[135] Yang H, Wang X X, Qu J B. Effect of Boron on CGHAZ Microstructure and Toughness of High Strength Low Alloy Steels [J]. Iron Steel Res. Int. , 2014 (21): 787~792.

[136] Jun H J, Kang J S, Seo D H, et al. Effect of Boron on CGHAZ Microstructure and Toughness of High Strength Low Alloy Steels [J]. Mater. Sci. Eng. A, 2006 (422): 157~162.

[137] Yang Y, Cheng J S, Nie W J, et al. Investigation on the microstructure and toughness of coarse grained heat affected zone in X-100 multi-phase pipeline steel with high Nb content

[J]. Mater. Sci. Eng. A, 2012, 558: 692~701.

[138] Lan L Y, Qiu C L, Zhao D W, et al. Microstructural characteristics and toughness of the simulated coarse grained heat affected zone of high strength low carbon bainitic steel [J]. Mater. Sci. Eng. A, 2011, 529: 192~200.

[139] Kermanpur A, Behjati P, Han J, et al. A microstructural investigation on deformation mechanisms of Fe-18Cr-12Mn-0.05C metastable austenitic steels containing different amounts of nitrogen [J]. Mater Design, 2015 (82): 273~280.

[140] Luo H S, Zhao C. Low temperature salt bath hardening of AISI 201 austenitic stainless steel [J]. Phys. Procedia, 2013 (50): 38~42.

[141] Kim Jeong-Hyeon, Choi Sung-Woong, Park Doo-Hwan, et al. Charpy impact properties of stainless steel weldment in liquefied natural gas pipelines: Effect of low temperatures [J]. Mater Design, 2015 (65): 914~922.

[142] Sabooni S, Karimzadeh F, Enayati M H, et al. Friction stir welding of ultrafine grained austenitic 304L stainless steel produced by martensitic thermomechanical processing [J]. Mater Design, 2015 (76): 130~140.

[143] Jong Jin Jeon, Sergey Mironov, Yutaka S Sato, et al. Grain Structure Development During Friction Stir Welding of Single-Crystal Austenitic Stainless Steel [J]. Metall. Mater. Tran A, 2013 (44): 3157~3166.

[144] Wang Tao, Zou Yong, Matsuda Kenji. Micro-structure and micro-textural studies of friction stir welded AA6061-T6 subjected to different rotation speeds [J]. Mater Design, 2016 (90): 13~21.

[145] Xi Tong, Yang Chunguang, Shahzad M Babar, et al. Study of the processing map and hot deformation behavior of a Cu-bearing 317LN austenitic stainless steel [J]. Mater Design, 2015 (87): 303~312.

[146] Han Ying, Wu Hua, Zhang Wei, et al. Constitutive equation and dynamic recrystallization behavior of as-cast 254SMO super-austenitic stainless steel [J]. Mater Design, 2015 (69): 230~240.

[147] Dehghan-Manshadi A, Barnett M R, Hodgson P D. Recrystallization in AISI 304 austenitic stainless steel during and after hot deformation [J]. Mater. Sci. Eng. A, 2008 (485): 664~672.

[148] Scharam R E, Reed R P. Stacking fault energies of austenitic stainless steels [J]. Metall Trans A, 1975, 6A: 1345~1351.

[149] Yang J, Wang D, Xiao B L, et al. Effects of Rotation Rates on Microstructure, Mechanical

Properties, and Fracture Behavior of Friction Stir–Welded (FSW) AZ31 Magnesium Alloy [J]. Metall. Mater. Trans. A. , 2013, 44A: 517~530.

[150] Razmpoosh M H, Zarei–Hanzaki A, Imandoust A. Effect of the Zener – Hollomon parameter on the microstructure evolution of dual phase TWIP steel subjected to friction stir processing [J]. Mater. Sci. Eng. A, 2015 (638): 15~19.

[151] Westin E M, Hertzman S. Element distribution in lean duplex stainless steel welds [J]. Weld. World, 2014 (49): 43~60.

[152] Yang Yinhui, Cao Jianchun, School Yang Gu. Investigation on the solution treated behavior of economical 19Cr duplex stainless steels by Mn addition [J]. Mater Design, 2015 (83): 820 ~828.

[153] John C, Lippold D J K. Welding Metallurgy and Weldability of Stainless Steels [J] . 2008: 30~33.

[154] Li S L, Wang Y, Wang X. Effects of ferrite content on the mechanical properties of thermal aged duplex stainless steels [J]. Mater. Sci. Eng. A, 2015 (625): 186~193.

[155] Vahid A Hosseini, Sten Wessman, Kjell Hurtig, et al. Nitrogen loss and effects on microstructure inmultipass TIG welding of a super duplex stainless steel [J]. Mater Design, 2016 (98): 88~97.

[156] Lacerda J C De, Candido L C, Godefroid L B. Effect of volume fraction of phases and precipitates on the mechanical behavior of UNS S31803 duplex stainless steel [J]. Int. J. Fatigue, 2015 (74): 81~87.

[157] Wang Y, Zhen L, Shao W Z, et al. Hot working characteristics and dynamic recrystallization of delta–processed superalloy 718 [J]. J. Alloy. Compd. , 2009 (474): 341~346.

[158] Dehghan Manshadi A, Hodgson P D. Effect of δ–ferrite co–existence on hot deformation and recrystallization of austenite [J]. J. Mater. Sci. , 2008 (43): 6272~6277.

[159] Mohammad R Toroghinejad, Alan O Humphreys, Liu Dongsheng, et al. Effect of Rolling Temperature on the Deformation and Recrystallization Textures of Warm – Rolled Steels [J]. Metall. Mater. Trans. A. , 2003, 34A: 1163~1174.

[160] Momeni A, Dehghani K. Effect of Hot Working on Secondary Phase Formation in 2205 Duplex Stainless Steel [J]. J. Mater. Sci. Technol. , 2010 (26): 851~857.

[161] Long F, Yoo Y S, Jo C Y, et al. Phase transformation of and phases in an experimental nickel –based superalloy [J]. J. Alloy Compd, 2009 (478): 181~187.

[162] 王光磊, 骆宗安, 谢广明, 等 . 加热温度对热轧复合钛/不锈钢板结合性能的影响 [J]. 稀有金属材料与工程, 2013 (2): 387~391.

[163] Luo Zongan, Wang Guanglei, Xie Guangming, et al. Interfacial Microstructure and Properties of a Vacuum Hot Roll-bonded Titanium-Stainless Steel Clad Plate with a Niobium Interlayer [J]. Acta Metallurgica Sinica.

[164] 谢广明, 骆宗安, 王光磊, 等. 真空轧制不锈钢复合板的组织和性能 [J]. 东北大学学报（自然科学版）, 2011（10）: 1398~1401.

RAL · NEU 研究报告

（截至 2016 年）

（2017 年待续）